VOYAGE
EN AUVERGNE

LE SOL
LE CLIMAT ET LES EAUX MINÉRALES

CONGRÈS 1896

PAR

Le Dr A. LABAT

Ex-Président de la Société d'hydrologie de Paris
et membre de la Société d'hydrologie de Madrid, Turin,
de la Société géologique de France, etc.
Membre de la Société météorologique.

PARIS
OCTAVE DOIN, ÉDITEUR
8, PLACE DE L'ODÉON, 8

—

1896

VOYAGE

EN AUVERGNE

VOYAGE

EN AUVERGNE

LE SOL
LE CLIMAT ET LES EAUX MINÉRALES

CONGRÈS 1896

PAR

LE D' A. LABAT

Ex-Président de la Société d'hydrologie de Paris
et membre de la Société d'hydrologie de Madrid, Turin,
de la Société géologique de France, etc.
Membre de la Société météorologique.

PARIS

OCTAVE DOIN, ÉDITEUR

8, PLACE DE L'ODÉON, 8

—

1896

INTRODUCTION

MASSIF CENTRAL

L'Auvergne est une région montagneuse du centre de la France ; l'une des mieux étudiées par les géologues, les hydrologues, les naturalistes.

Elle fait partie de cette énorme protubérance dite *Plateau*, ou mieux, *Massif central*. L'étude intégrale de ce massif au point de vue des conditions géologiques, météorologiques et hydrographiques ne serait pas sans attrait ; mais elle comporterait un cadre trop vaste et nous entraînerait hors du sujet que nous nous proposons, c'est-à-dire l'Auvergne proprement dite.

Il sera bon, néanmoins, de jeter un coup d'œil général sur ce massif et d'en tirer des corollaires.

Les ouvrages scientifiques sont tellement nombreux qu'il faut faire un choix pour lequel je laisse à chacun ses préférences. — Je citerai par ordre à peu près chronologique : Ramond, Montlosier, Guettard, Desmarets, Murchison, Poulet-Scrope, Bouillet, Lecoq, dont les époques géologiques de l'Auvergne resteront comme un vrai monument scientifique. — Puis les travaux plus modernes de Gonnard, Julien, M. Lévy, de Lapparent, Boule, M. Bertrand, etc. — Comme analyses chimiques, celles de Nivet, Lefort, Wilm ; analyses de roches, V. Lasaulx. — Consulter la

grande carte de Lecoq, les feuilles de la carte géologique, le plan en relief de P. Scrope (1).

Géographie physique. — Au point de vue
géographique, le massif central peut être considéré
comme une énorme saillie triangulaire, à bords irré-
guliers, dominant les bassins hydrographiques du
Rhône, de la Loire et de la Garonne. Du point culmi-
nant naissent la Loire, l'Allier, le Tarn, l'Aveyron, etc.

La plus grande étendue est Nord-Sud, du Cap du
Morvan à l'Espinouse et à la montagne Noire; à
l'Est, une succession de montagnes : Charolais, Mâ-
connais, Beaujolais, Lyonnais, Forez, Vivarais, Cévennes; à l'Ouest, les monts de la Marche, du
Limousin, du Rouergue.

Le nom de Plateau *archéen* a été dévolu au sou-
bassement primitif qui supporte les dômes volcaniques. Relevé ou Sud-Est (mont Lozère, 1.700 mètres),
il s'incline vers le Nord-Ouest (crêtes du Limousin,
700 mètres, de la Corrèze, 500 mètres). Les Cévennes
offrent sur le Rhône des pentes abruptes.

Le plateau est couronné par les montagnes volcaniques; elles sont de deux ordres; les anciennes et les
modernes, distinctes par leur facies et leur structure.
P. Scrope admet trois grands volcans de première
date : le *mont Dore*, 1.886 mètres; le *Cantal*, 1.858 mètres; le *Mézenc*, 1.854 mètres. Ils reposent sur le terrain archéen, 900 à 1.200 mètres. Il est évident que
ces sommets ont subi des dégradations successives;

(1) Lecoq, 1867 : *Époques géologiques de l'Auvergne.* — P. Scrope, 1866 — *Volcans du centre de la France.* — Julien — *Annales
du club alpin et Comptes rendus de l'Académie.* — M. Lévy, 1890 —
Bulletin Société géologique. — Boule, 1892. — *Le Velay.* — De
Lapparent, 1896 — *Géographie physique.*

mais, quand Rames estime à 3.000 mètres le faîte primitif du Cantal, il n'y a là qu'une hypothèse.

Les volcans modernes ont pour représentant classique la *chaîne des Puys* alignée Nord-Sud sur une longueur d'environ 30 kilomètres; *puy de Dôme*, 1.468 mètres. On compte une soixantaine de cônes à physionomie caractéristique, entre autres le puy de Pariou, le Nid de la Poule, le puy de la Vache; on peut encore suivre les coulées de plusieurs d'entre eux. Tous n'ont pas leurs cratères; cette absence est plus spéciale aux cônes du Velay.

Le massif cristallin n'est pas d'une pièce; il est bordé et pénétré par des terrains sédimentaires : *causses* jurassiques dans le vaste golfe du Quercy au Sud-Ouest; bassins tertiaires du Nord, pénétrant au centre, tels que les plaines du Bourbonnais entre Loire et Allier; la Limagne (60 kilomètres sur 30), se prolongeant par le petit bassin de Brioude; la plaine du Forez vers Montbrison.— Ajoutez les bassins houillers de Commentry, Decazeville, Brassac, Carmaux, Graissesac, Alais-Bessèges, Saint-Étienne, etc. — Les phénomènes glaciaires ne paraissent pas avoir eu la même importance qu'ailleurs.

Structure géologique. — La disposition et la constitution de toutes ces roches n'ont pu être déterminées que par de laborieuses recherches sur le terrain et dans le laboratoire. Nous renvoyons, pour cette dernière partie, aux belles planches de MM. Lévy et Fouqué et, pour la première, nous nous bornerons à des traits généraux, nous attachant plus spécialement aux produits éruptifs connexes aux eaux thermominérales.

Aujourd'hui, avec les nouvelles idées sur l'âge du

granit, on a admis qu'il avait, en tant que roche éruptive, traversé les schistes cristallins du massif à la manière du porphyre. Parmi les roches éruptives de première date sont les trachytes, les phonolithes, les basaltes.

Les *trachytes* occupent les sommets élevés sous forme de dômes et les hauts plateaux. Roche de couleurs variées, plus souvent claires; de structure poreuse, ce qui lui donne un toucher rude; roche acide (sanidine) et partant plus légère; souvent porphyroïde et altérée. La variété dite *Andésite augitique* est plus basique, par suite plus lourde, plus foncée et tendant au prisme, ce qui la rapproche des basaltes et, parfois, ne permet pas la distinction par les caractères physiques seuls.

Les *phonolithes*, plus rares, tiennent aussi les sommets, parfois escarpés, comme aux roches Tuilière et Sanadoire; roche gris verdâtre, assez compacte, sonore et se séparant en lames; roche acide, mais un peu plus lourde que la précédente, affectant aussi la forme prismatique dans certains cas.

Les *basaltes* se montrent, en général, à un niveau inférieur aux trachytes et prolongent leurs coulées sur de vastes espaces, depuis Clermont jusqu'au-dessous du Cantal; dans la région du Mézenc jusqu'au promontoire des Coirons, dans le pays de Lodève, roche de couleur foncée, compacte et d'un grain fin; basique (*Labrador augite*), riche en fer et sensiblement plus lourde que les précédentes. Elle peut être amorphe, sous forme de tables, de boules, mais surtout de gros prismes devenus classiques aux environs du Mont-Dore et au Puy où ils acquièrent un volume considérable.

Ces roches volcaniques sont accompagnées de leurs tufs et conglomérats (*pépérites*, *cinérites*), de même nature, rappelant les dépôts sédimentaires par leur puissance et même par leur agencement lorsqu'ils ont été remaniés par les eaux. Un grand nombre sont restés sur les plateaux et sur les pentes à la manière des coulées; souvent les coulées proprement dites trachytiques ou basaltiques leur sont superposées et ont pu les maintenir en place. Cet enchevêtrement et ces diversités ont donné lieu à des discussions d'origine.

Enfin les *puys à cratères* laissent voir, dans leurs flancs entr'ouverts et dans leurs coulées, les scories, les lapillis, la lave, en un mot toutes les déjections du volcanisme actuel.

Les *filons* sont nombreux: grands filons de quartz orientés Nord-Ouest, Sud-Est, en Saône-et-Loire et de Montluçon à Evaux; filons de barytine du puy Chateix, de Brioude; filons de galène argentifère de Lamalou, environs de Rochefort, de la Bourboule, de Pontgibaud; filons de blende, de calamine, d'antimoine, etc.

Idée théorique. — Après la description il faut bien faire un peu de théorie pour se rendre compte des vicissitudes géologiques du massif central.

A l'époque très ancienne où il était seul émergé à l'état d'îlot cristallin, il a pu se relier aux saillies de même nature de la Bretagne et des Vosges. Le granit et roches similaires l'ont traversé à plusieurs époques en produisant des inégalités de surface. De forts plissements ont suivi l'époque carbonifère, etc.

Les grands phénomènes, les modifications profondes du relief datent de la période tertiaire : les mouvements de l'époque éocène n'ont pas été sans importance; mais les énormes pressions horizontales qui soulevèrent les Alpes pendant le miocène produisirent, entre le mont Blanc et le plateau, une série de synclinaux et d'anticlinaux dans le genre de ceux du Jura; il y eut aussi des mouvements de torsion énergiques. De là formation des crêtes montagneuses et de vallées; joignez-y les tassements verticaux et les effondrements des voûtes, et vous aurez un peu l'idée des transformations du sol à ces époques de cataclysmes. De là ces failles profondes, par exemple, celle du bord occidental de la Limagne se prolongeant jusqu'à Montaigut.

Les actions volcaniques s'étendent du miocène au quaternaire. maximum d'intensité au pliocène; en tout cas, il est sûr qu'elles ont commencé avant le pliocène supérieur à *Elephas meridionalis*. Les puys ont continué jusqu'à l'âge du renne et de l'homme primitif.

L'âge des roches éruptives n'est pas aisé à fixer : trachytes, andésites, phonolites, basaltes, tel est l'ordre classique; il n'est pas rigoureux; P. Scrope observe qu'il y a des basaltes antérieurs et des phonolithes postérieurs; il y a en effet les basaltes miocènes des Coirons. Certains basaltes des plateaux doivent être rapportés au pliocène supérieur d'après les os des grands quadrupèdes (Boule). Les basaltes des puys sont quaternaires.

Pour fixer ces dates approximatives, il a fallu examiner attentivement les couches des anciens lacs comblés durant le tongrien et l'aquitanien et y chercher les débris volcaniques.

Encore quelques points théoriques : l'étendue des

coulées basaltiques à des niveaux inférieurs, la régularité de leur forme, leur eau de constitution avait fait croire à leur origine aqueuse (Guettard). L'idée est abandonnée. D'autre part, l'éloignement de la mer de la chaîne des puys va à l'encontre de l'alimentation des bouches volcaniques par la mer.

En présence de tels mouvements orogéniques et d'une telle variété de roches, on s'explique l'originalité du paysage, je dirai même la grandeur, car les vallées du Mont-Dore, du Lioran, mériteraient le nom d'alpestres; il y manque les glaciers et les grands lacs.

Climat. — Comment le caractériser en termes généraux, quand on songe aux différences de latitude (500 kil. entre la pointe du Morvan et la Montagne Noire) et à la différence d'altitude du plateau, s'abaissant de l'Est à l'Ouest, de 1,200 à 500 m. C'est un climat de montagne à températures extrêmes d'hiver et d'été, à saisons intermédiaires incertaines, à variations brusques, même au milieu de l'été; à journées chaudes entre matinées et soirées froides. Les vallées sont plus tempérées; mais tandis que Vichy, B.-l'Archambault et B.-Lancy au-dessus du 46° ont une moyenne de 12°, Lamalou a 15°, au-dessous du 44°.

La quantité de pluie est considérable ; dans le Morvan et dans le Forez elle atteint 1,500 cent. Les orages sont fréquents, très violents ; j'aurai l'occasion d'en citer plus bas un assez bon nombre que j'ai subis dans mes nombreux voyages, il sera alors question du climat de l'Auvergne.

Eaux minérales. — Les eaux minérales de cette vaste région sont très nombreuses (on pourrait en compter plus de 500), et quelques-unes de première importance : Vichy, B.-l'Archambault, Néris, Châtel-Guyon, Royat, le Mont-Dore, la Bourboule, Lamalou, etc.

Le débit est souvent considérable : Vichy dépasse 600 m. c. ; B.-l'Archambault, 1,200 ; Néris, 1,000-1,500 suivant la pression ; Evaux, bien au delà, sans qu'on ait pu fixer le chiffre ; Royat, pour Eugénie seule, près de 1,500 ; le Mont-Dore, 600 ; la Bourboule, plus de 800, etc.

Température élevée : Chaudes-Aigues 82, d'autres disent 85 ; la plus élevée pour les eaux françaises, mais non pour les eaux d'Europe, car Abano m'a donné 80° en 1873 ; Evaux, 57 au puits César ; Néris, 52 ; B.-l'Archambault, 52 ; B.-Lancy, 56 au Limbe ; Vichy, 44 ; Mont-Dore, 45 ; Bourboule, 55 ; Lamalou, 49 dans la galerie ; Royat, 35, plus tempéré ; autres sources tempérées. Viennent ensuite les sources froides ou presque : Saint-Alban, Saint-Galmier, Renaison, Vals et quelques-unes de Vichy, Pougues, etc.

L'acide carbonique libre est très abondant : à Montrond, Saint-Galmier, Saint-Alban, il dépasse un volume ; à Vals et à Neyrac également ; dans quelques sources de Vichy, il atteint un volume, dans quelques sources de Royat, il en approche. Pougues dépasse un demi-volume ; certaines sources de Vichy restent en dessous.

La minéralisation varie de 6-10 grammes (Bourboule, Ch.-Guyon, Vichy, Vals) jusqu'à 1,25, Néris.

Pour donner l'idée du type général, éliminons d'abord Saint-Honoré et Bagnols, deux eaux faiblement minéralisées que leur principe sulfureux, exceptionnel dans cette partie de notre sol, nous oblige à classer à part. Ecartons aussi Euzet, fortement sulfatée, et

Cransac, eau de mine; peut-être encore quelques autres sans importance.

Le type général, je dirai presque universel, appartient à la classe des eaux alcalines mixtes. Prenons Royat comme exemple : sur 6 grammes, il y en a 2 de bicarb. alcalins, 2 de bicarb. terreux, 2 de chlorures, en chiffres ronds ; jusqu'à 0,06 de sel de fer, 0,16 de silice, 0,035 de chlor. de lithium, etc. Saint-Nectaire offre une composition analogue avec plus de potasse, moins de terres, un peu plus de chlorures. Vic-le-Comte a plus de 2 grammes de bicarb. alcalins, 2 de bicarb. terreux, 2 de chlorures. Le Mont-Dore et Néris, malgré leur faible minéralisation qui a pu les rapprocher des thermales simples, ont les mêmes éléments.

La Bourboule, avec ses 3 grammes de bicarb. et autant de chlorures, ne sort pas de la classe; toutefois, la proportion insolite d'arsenic, 0,007 ou 0,028 d'arséniate, la distingue de toutes les autres.

A Pougues, à Saint-Galmier, prédominance des carb. terreux dans la proportion de 3-4 pour 1, diminution des chlorures. A B.-l'Archambault et à B,-Lancy, ce sont, au contraire, les chlorures qui dominent, ce qui les a fait figurer parmi les chlorurées. Renlaigue, à faible minéralisation, 1,5, peut réclamer sa place parmi les ferrugineuses, puisque le bicarb. de fer dépasse 0,10. Néanmoins, c'est toujours la même composition. Neyrac est riche en fer, plus minéralisé.

J'arrive aux deux types principaux de nos eaux alcalines, Vichy chaud et Vals froid ; ici la quantité des bicarb. alcalins devient écrasante en regard des autres sels (5-7 grammes). Il était donc naturel d'en faire les eaux alcalines franches par excellence. Cependant

nous ne pouvons dissimuler que les bicarb. terreux à
Vichy dépassent 1 gramme, et les chlorures 1/2 gramme, les sulfates 1/3 de gramme. Il en est à peu près
de même à Va..s avec quantités moindres ; d'où il suit
que Vichy et Vals rentrent dans la classe des alcalins
mixtes.

Si l'on veut une eau purement alcaline (il y en a
peu), que l'on prenne Montrond (1), près de Saint-Galmier. Cette eau très gazeuse renferme 4 à 5 grammes
de sels dont les bicarb. alcalins forment la presque
totalité. J'y ai trouvé très peu de bases terreuses avec
absence presque complète de chlorures et de sulfates
comme à Neyrac, c'est là une eau alcaline, s'il en fut,
et une véritable anomalie dans la région.

En résumé, les eaux minérales du massif appartiennent presque toutes à la grande famille des alcalines : que les alcalis ou les terres dominent, que les
chlorures l'emportent sur les carbonates ou récipro-
quement ; que les sulfates s'effacent plus ou moins ;
que le fer y prenne de fortes proportions ou l'arsenic ;
le principe de la minéralisation mixte est toujours le
même et leur imprime un cachet de parenté qui n'est
pas sans influence sur les analogies de leurs applications médicales ; on n'a pas assez insisté sur ce fait
important.

Ajoutons qu'il s'y trouve un chiffre notable de
silice, jusqu'à 0,20 ; de la lithine jusqu'à 0,04 ; de
l'arsenic souvent dosable, laissant à part la Bourboule ; très souvent du fer. Enfin les sels de potasse
peuvent dépasser 1/2 gramme, chose rare ailleurs.

(1) L'eau de Montrond sortant à 28° d'un forage de 500 m.,
vérifie la loi géothermique.

Maintenant pouvons-nous tirer quelque lumière du rapprochement des faits géologiques et des propriétés physico-chimiques de ces eaux?

Les commotions du sol, les fractures, les failles (failles de la Loire, de l'Allier, du bord de la Limagne) nous montrent comment les voies leur sont ouvertes; comment elles ont pu s'échauffer dans la profondeur. Le fait général des émissions d'acide carbonique dans toutes les contrées volcaniques, même à volcans éteints, nous explique l'abondance du gaz; la quantité de ce produit gazeux souterrain est prodigieuse, et les récits des ingénieurs sur le forage de Montrond et sur les puits de mine à Brassac, à Pontgibaud, témoignent de sa violence expansive.

D'un autre côté, considérant les éléments minéraux du liquide thermal et ceux fournis par les analyses modernes des produits éruptifs, nous voyons que, si le granit est essentiellement potassique, les trachytes, les basaltes, phonolithes, renferment généralement plus de soude que de potasse, souvent le double et jusqu'à 10 0/0; quelques-uns sont très riches en fer, dépassant 10 0/0.

Quant à la roche d'origine, le granit se montre à nu, à Saint-Honoré, à Sail-les-Bains, à Néris, à Evaux, à Saint-Nectaire, au forage de la Bourboule. Tantôt il est caché sous les travertins ou les arkoses, Vichy, Royat; tantôt sous les alluvions, Vic-le-Comte. Donc le granit est la roche encaissante; donc les produits infra-granitiques des laves profondes et des eaux que j'appellerai *laves aqueuses* sortent du même foyer; d'où l'analogie. Les relations des filons métallifères mentionnés plus haut et des filets thermaux, si évidentes dans la galerie de Lamalou, viennent appuyer la théorie.

Que de choses il y aurait encore à dire sur les dépôts : sur l'énorme travertin de Vichy; sur les aragonites, la barytine; sur les galènes argentifères et autres métaux de Lamalou; sur les arkoses silicifiées; sur le fer oligiste, etc. Nous toucherons quelques-uns de ces points à propos des eaux d'Auvergne.

Avant de terminer ces généralités, nous ne pouvons laisser passer une théorie un peu enfantine de l'origine du gaz carbonique. C'est l'atmosphère qui l'introduirait dans la profondeur. Voyez-vous l'air avec son demi-millième de gaz CO_2 devenant le pourvoyeur des régions profondes! Aux défenseurs de cette solution simple mais insuffisante, il suffit de conseiller une promenade scientifique au plateau central, à l'Eifel, au Nassau, en Bohême, en Styrie, en Silésie, sans oublier la chaîne du Taunus. Quand on a vu ces dégagements on comprend la grandeur du phénomène.

Il n'est pas hors de propos de rappeler le retentissement singulier du tremblement de terre de Lisbonne sur les sources de B.-l'Archambault et de Néris qui sortirent en courants impétueux.

VOYAGE EN AUVERGNE

LE SOL, LE CLIMAT ET LES EAUX MINÉRALES

CLERMONT ET ENVIRONS

Clermont sera notre centre de séjour et d'excursions — 8 ou 9 heures de Paris par les trains rapides ou express de Lyon-Méditerranée. — De Lyon en quelques heures — De Bordeaux, par Brive et Tulle, il faut une journée. Cette dernière route est très accidentée et, passant des granites de la Corrèze aux schistes d'Eygurande, on est averti par le changement de végétation. A Eygurande se joignent les trains de Paris à Laqueuille, ligne d'Orléans. Tel est l'avantage de la position centrale de Clermont et des bains d'Auvergne. — Consultez les itinéraires des diverses lignes de raccordement et ne pas oublier qu'il y a souvent des modifications, surtout en dehors de la saison des Eaux ; de Paris, facilités plus grandes.

Clermont est heureusement situé au pied du Puy de Dôme, sur une élévation qui domine la Limagne. Si l'on arrive de Paris par le train de nuit, le matin au soleil levant, le spectacle est saisissant. De l'autre côté, la descente de Laqueuille à Clermont offre des points de vue grandioses sur le Cantal et le mont Dore. En un mot, de tous côtés, l'arrivée vous prépare à la solennité des paysages d'Auvergne.

Clermont, ancienne *Augusto Nemetum*, devint une ville importante de la Gaule romaine, après la chute de Gergovie. Le poète Sidoine Apollinaire et l'historien Grégoire de Tours l'ont illustrée. On y montre la maison de Pascal.

Aujourd'hui, c'est une grande ville de 50,000 habitants, bien ouverte, ornée de grandes places et de boulevards d'où la vue s'étend sur la plaine et sur les montagnes. Elle offre aux touristes et aux baigneurs des ressources de toute espèce, matérielles et scientifiques.

Hôtels nombreux dont plusieurs sur la place de Jaude : l'*Europe* ancienne réputation 10-12 fr. (en 1856, 7 fr.) ; les autres un peu moins ; en général, bonne cuisine et bon vin du pays. Les amateurs du luxe et de l'élégance feront mieux de se loger à Royat, communications promptes, incessantes et peu coûteuses par omnibus, tramways et petites voitures pour 50 centimes, tout cela sur la place de Jaude animée, l'été, d'un mouvement extraordinaire. Les loueurs de voitures, victorias et landaus sont très nombreux ; bons attelages, prix raisonnables.

Une course en voiture fera visiter les principales places : de Jaude, statue de Desaix ; square B. Pascal, statue de Pascal ; square Delille, statue du poète ; puis les grandes avenues du tour de la ville. Ne pas oublier la fontaine monumentale de

J. d'Amboise au centre. — La Cathédrale, qui doit tant à Viollet le Duc, attire les regards par son campanile et sa belle façade nord — *Notre-Dame-du-Port* autrement intéressante en tant que spécimen d'architecture romane, style auvergnat.

Deux musées à voir : musée de tableaux et d'antiquités préhistoriques, gallo-romaines, etc. ; musée d'histoire naturelle, très riche collection de Lecoq où les amateurs de géologie et d'histoire naturelle trouveront des renseignements précieux pour l'étude sur le terrain. — Le jardin des Plantes, les bâtiments des Facultés, l'hôpital, sont dans la partie sud, boulevard Lafayette, avenue Vercingétorix.

Clermont est situé un peu au-dessous du 46° parallèle, donc 3° plus bas que Paris, condition compensée par l'altitude, 400 mètres, par le voisinage des montagnes et par la distance plus grande à la mer. Ceci explique le climat extrême d'hiver et d'été : en juillet 1881, j'ai noté 38° à la gare ; en hiver, la neige est épaisse et le vent nord, s'engouffrant dans la Limagne, très froid. La vigne qui brave le froid et n'a besoin que d'irradiations solaires soutenues, se développe merveilleusement sur les collines voisines ; en 1893, au milieu de septembre, les vendanges étaient dans leur plein et les grappes magnifiques. Dans les vallées abritées, je citerai celle de Nohanent, les arbres fruitiers du midi viennent et fournissent des matériaux à cette confiserie si renommée. — Les vignes et les châtaigniers dépassent 600 mètres d'altitude sur les pentes orientales.

L'eau des fontaines de la ville m'a donné 11° ; à Fontanat, environ 200 mètres plus haut, j'ai trouvé

8°,5 au gros jet de la prairie; à Sayat, route de Volvic, 10°,5, chiffre voisin de la moyenne du lieu.

L'eau potable est abondante et assez pure; limpide et sans dépôt dans les vases. Elle se trouble peu par l'ébullition. J'ai trouvé 10° hydrotimétriques et 2° seulement après le traitement par oxalate d'ammoniaque. Le ClBa et le NAgO acides ne produisent qu'un léger trouble.

La ville semble reposer sur un bassin d'eaux minérales; il suffit de creuser à quelques mètres pour en faire jaillir, par exemple, le puits artésien, lequel n'a plus rien fourni dans la profondeur. Ce sont des nappes superficielles emprisonnées par les travertins. De tous côtés, dans les creux, les nappes d'eau et les ruisseaux, se dégage le gaz carbonique.

A dix minutes de la place de Jaude, au Nord, on va visiter la célèbre fontaine de *Saint-Alyre*. Les descriptions des ponts de pierre dus aux travertins, des objets et animaux pétrifiés, des camées est devenue banale.

Les sources naissent sur la rive droite de la Tiretaine, petite rivière que nous retrouverons à Royat. La grande source incrustante, T. 24, est une eau alcaline mixte contenant environ 2 grammes de bi-carbonate terreux et un peu de fer.

Les dépôts sont presque entièrement calcaires, à peine magnésiens. Remarquons que, pour l'industrie des incrustations, il faut faire parcourir à l'eau un assez long trajet qui la débarrasse de son fer, et qu'il faut la tamiser afin d'obtenir une substance plus marmoréenne. Ceci jette quelque lumière sur la diversité des dépôts calcaires. — Il existe une petite maison de bains, pourvue d'une vingtaine de cabinets.

A signaler encore la *fontaine de Jaude* à intermittences, la fontaine de l'Hôpital, toutes tièdes et de même composition chimique. La source des *Roches* sert à préparer des boissons gazeuses. Lefort a eu la patience d'analyser toutes ces sources et leurs dépôts ; ses résultats s'éloignent peu de ceux de Nivet. Nous passons sous silence, Saint-Pierre, Sainte-Claire et autres sans intérêt. Nous aurons l'occasion d'en signaler quelques autres des environs à propos des excursions à faire.

ENVIRONS

Le Puy de Dôme est le point le plus attrayant : la montée à pied par Fontanat demande au moins 3 heures ; elle est fatigante, mais permet l'étude des flancs du dôme. La montée en voiture, au moins aussi longue, peut se faire jusqu'au sommet, voitures spéciales au col de Ceyssat, route des Lacets. A visiter l'*observatoire* qui date de 1876 et les ruines du *temple romain* nouvellement mises au jour. Sur la route se retrouvent les pavés de l'ancienne voie romaine, de Clermont à Limoges.

Dans la même journée, visite au *Puy de Pariou*, altitude 1.200 mètres, dont le cratère a 300 mètres de diamètre sur une centaine de profondeur ; végétation à l'intérieur. Ancien cratère périphérique, rappelant la *somma* du Vésuve et grande coulée. Le *Nid de la Poule* est intéressant par son cône régulier. L'ascension de ces deux sommets est assez pénible à cause des détours et inégalités de terrain.

La vue du Puy de Dôme donne un avant-goût du pays d'Auvergne qu'il domine ; au N. Limagne et plaines du Bourbonnais et du Nivernais ; à l'E. Clermont, Limagne, monts du Forez et du Velay ; à l'O., collines de la Corrèze et du Limousin qui, vues d'en haut, paraissent plates ; au S. Gergovie, monts Rognon, lac d'Aydat ; sommets des monts Dores et du Cantal, sans compter les clochers lointains.

Gergovie . — Tour de 25 kil. landau 20 fr. Aller par la fraîche vallée de Romagnat et Opmes ; retour par la Roche Blanche et Aubières, route d'Issoire ; montée au plateau en une demi-heure, par un sentier qui longe le flanc et permet d'étudier les escarpements basaltiques. Le plateau, environ 750 mètres de hauteur, a son petit diamètre N.-S. de 600 mètres sur 1.500 mètres E.-O. On y voit quelques rangées de pierres basaltiques et des champs en culture. Vue dégagée : au N. Clermont, Limagne ; à l'E. croupes du Forez ; à l'O., chaîne des Puys ; au S.-S.-O., Sancy et Cantal. Au retour, arrêt aux carrières de calcaire de la Roche et aux dykes de scories qui se dressent dans les vignes.

Sur cette même route se voit un monticule de pépérites connu sous le nom de *Puy de la Poix*. Là est une source célèbre tout à la fois chlorurée sulfureuse et bitumineuse comme celles du golfe de Naples. Minéralisation dépassant 80 grammes dont 3/4 de chlorures ; So^3NaO_8 ; Co^2CaO^2. — Il y a encore d'autres sources bitumineuses ; aucune n'offre une constitution aussi originale.

Volvic, Tournoël, Enval. — Tour de 30 kilomètres, landau 20 francs. Dans les carrières de Volvic se trouvent de beaux blocs de lave, pierre d'un gris foncé, compacte et sonore, un des plus beaux matériaux du pays. — Dans le ravin granitique d'Enval, gorge pittoresque, coule l'eau d'Enval, alcaline, gazeuse, agréable au goût ; pour l'exportation 30,000 bouteilles. — Les touristes admireront les ruines du château de Tournoël.

Pontgibaud. — Station de chemin de fer précédée par celle de Volvic, 24 kilomètres. En voiture par la route de la Barraque, très accidentée. — A voir la fontaine froide de Javel. — Fonderie de galène argentifère. — Plus loin, dans la vallée de la Sioule, les mines de *Barbecot* et de *Pranal,* les grottes, etc. Il existe à Barbecot un beau filon de quartz, baryte, galène, blende. Dans toute la contrée, l'action filonienne a été très puissante. Le sol est partout imprégné de gaz carbonique qui siffle et sort avec violence. Les ingénieurs Fournet et Pallu ont décrit ces éruptions dans les puits avec soulèvement et projection des eaux de mine. — Du côté de Rochefort, mines d'antimoine.

Dans un premier groupe que nous pourrions appeler groupe du Nord, nous plaçons en tête Royat, Châtel-Guyon et Châteauneuf.

ROYAT, CHATEL-GUYON, CHATEAUNEUF

ROYAT

La situation de Royat est des plus heureuses :
à 2 kilomètres de Clermont elle jouit de tous les
avantages de cette dernière, position centrale et
communications faciles avec les grandes villes de
France ; mêmes ressources matérielles. Assise au
pied du Puy de Dôme et dans la gorge boisée de
la Tiretaine, elle a les vues grandioses et les frais
ombrages.

Les Romains ne l'avaient pas laissée de côté,
comme en témoignent les restes réunis dans la
salle Saint-Mart et les substructions et anciennes
piscines près de Saint-Victor et du grand arceau du
viaduc, dégagées en 1882.

Jean Banc en fait mention, 1605 ; Allard et
Nivet lui donnèrent une vive impulsion ; mais en
1856, époque où Nivet nous faisait les honneurs de
l'établissement, il n'y avait pas 500 visiteurs.
En 1877, j'en trouvai 4,000 et des hôtels nouveaux ; en 1893, il en est passé 7,000 dont un bon
nombre d'Anglo-Américains.

Aujourd'hui, hôtels de premier ordre ; *Grand
hôtel* dont la belle façade arrête les regards en ve-
nant de la gare, pour 300 p. ; *Hôtel des Bains et
Continental* entre la grande rue et le parc (exposi-

tion N.-O. plus fraîche l'été) ; vaste salle à manger, pavillons de famille ; en tout 300 p. — Prix 1x à 15 francs ; bonne table. — Les hôtels d'en bas moins chers. Exp. S. et route poussiéreuse. Plusieurs villas dans la rue de Royat ; le *Castel* où se payent la situation et le luxe.

Deux Casinos : *Municipal*, bâti sur le rocher qui surplombe le parc ; bon restaurant, grand théâtre, grande salle des fêtes. Concurrence du casino *Samie*. — Le parc, en contrebas, frais, bien ombragé, animé par un bon orchestre et le mouvement des sources, l'allée des boutiques. Plusieurs portes de sortie ; omnibus, tramways, voitures dans le bas.

Climat. — Latitude de Clermont et 50 m. au-dessus, soit 450 m. ; dans nos zones tempérées c'est une hauteur favorable.

Pour avoir la moyenne du lieu j'ai pris le degré des eaux potables, en moyenne 10° ; le 17 septembre 1893, la grotte des Laveuses m'a donné une température fixe de 10,3, l'eau du torrent 11. Peu d'humidité, peu de brouillards en automne. L'air fait supporter le soleil de juillet et d'août. La question de climat se pose pour les névroses et les dyspepsies.

L'eau potable est assez pure, se filtrant comme celle de Clermont à travers les détritus volcaniques ; elle est abondante. Pétrequin avait attiré l'attention sur les conditions de filtrage.

Sol. — Les couches les plus superficielles sont les travertins qui avaient tant réduit la grande source. Lecoq avait calculé ses dépôts à 30 kilos par heure ; les tuyaux de conduite s'incrustent. Les arkoses, si développées sur le bord occidental de la Limagne, viennent s'appuyer sur le fond granitique. Les laves, les trachytes, les basaltes ont répandu çà et là leurs déjections. Dans la carrière de la Chapelle, après avoir remonté la grande rue, on trouve par couches successives de haut en bas : un conglomérat basaltique, des graviers de pouzzolane rougeâtre, de la pouzzolane noire, du trachyte argilo-sableux, du sable d'un rouge vermillon ; puis scories et bombes. La lave de Gravenoire renferme des ossements quaternaires.

La ville est bâtie sur la lave basaltique dont les saillies se dessinent le long du parc. A la grotte des Laveuses la forme prismatique s'accuse ; les colonnes de 4-6 m. atteignent un diamètre de 0,8 et les sections transversales y sont indiquées ; à la voûte la roche est altérée, elle l'est tout le long du parc et repose sur des conglomérats.

Dans la grotte du Chien, ouverte au public depuis 1875, le basalte est amorphe et en conglomérats, la voûte scoriacée. Cette chambre que je trouve bien plus vaste que celle de Naples, va en pente vers le fond. La hauteur du gaz varie de 0,50 à 1 m. 50 suivant les oscillations barométriques. Le gaz se répand dans les caves de même qu'à Carlsbad, — A Charade, près Royat, se trouve la variété porphyroïde.

Les travertins sont calcaires ; ils renferment de beaux spécimens d'Aragonite fibreuse et du fer. Les arkoses, roche de nature granitique, de couleur gris clair, empâtant des cailloux, donnent des grains siliceux dont le lavage sépare le ciment argileux. La pouzzolane est très ocreuse. Les basaltes prismatiques sont durs, lourds, donnent comme les autres de l'eau au tube fermé. J'y ai trouvé souvent des grains magnétiques. Le traitement par ClH et puis Amm. m'a donné un très fort précipité ocreux. Ceci s'explique si l'on considère que l'oxyde ferrique va jusqu'à 10 % dans certains échantillons. La domite est plus siliceuse, 60 %.

La vallée de Tiretaine N.-O.-S.-E. est une vallée de dislocation.

Sources établissements. — Il suffira d'une description sommaire.

La source *Eugénie*, dite source de Royat, naît dans le parc, rive droite de la rivière. Abritée sous un beau pavillon, elle bouillonne avec rémittences dans un grand bassin qu'elle revêt d'une couche ocreuse. Le gaz est si abondant qu'il donne des vertiges aux personnes qui puisent l'eau. Le thermomètre dans le bouillon m'a toujours donné 35°. Le débit, depuis l'enlèvement des travertins, est de 1,000 l. par minute soit 1,440 m. cubes par jour. C'est une des plus belles sources du massif central. Il y a, le matin, grand concours à cette buvette ; à côté petite baraque pour gargarismes.

L'eau descend par des conduits au *grand établissement*. Déjà ancien, il est cependant une de nos maisons de bains les mieux entendues : vestibule monumental, deux salons de repos ; deux couloirs de plus de 4 m. de large donnant accès à 26 cabinets de chaque côté. Les cabinets, un peu étroits, 1 m. 70, ont un cube d'air suffisant, 14 m. Les baignoires, en lave de Volvic, se remplissent par un ajutage de caoutchouc plongeant dans le liquide et s'employant pour douches locales. L'écoulement constant permet de donner des bains à eau vive d'une température de 33-34° vérifiée par moi à plusieurs reprises pendant 20 années.

La source Eugénie alimente en plus 12 baignoires en fonte émaillée de l'annexe. — Là se trouvent 12 cabinets à douches auxquels on a bien fait d'ajouter des vestiaires. La grande piscine, à toiture vitrée, de 13 m. sur 7, assez profonde pour nager, d'une température de 30-32° est un moyen précieux de balnéation.

Au centre du bâtiment principal sont les *Salles d'aspiration* avec gradins. La vapeur arrive par des tubes revêtus de manchons de bois qui permettent de maintenir la température à 25°, un peu plus élevée dans la partie haute. Une longue expérience des salles d'inhalation me conduit à penser que cette chaleur de 24-25° est la plus convenable. — Les bains de pied suivent les aspirations, — Médications complémentaires : la nouvelle salle d'hydrothérapie, l'eau à 12°, la pression 8 m. ; gymnastique et massage, enfin bains et douches de gaz, peu usités.

César (rive gauche de la Tiretaine), petite buvette et petite maison de bains restaurée. La source bouillonne dans une cuvette de porphyre (puits romain) à une temp. de 29°. Bains à eau vive de 27 à 28°, dans une douzaine de baignoires.

Saint-Mart, au delà du pont ; buvette dans une grande salle où sont les restes romains ; temp. 30° ; débit 50 l. par minute soit 72 m. cubes en 24 h. C'est une source intermittente.

Saint-Victor, dans une grotte près de l'arceau du viaduc ; temp. 20° ; laisse des dépôts ocreux.

Analyse. — Toutes ces eaux ont la même composition, sauf des différences de proportions élémentaires, comme il y en a dans le débit et la thermalité. Elles appartiennent à la classe des alcalines mixtes de Pétrequin, *Alcalische-Muriatische* des Allemands. Les chiffres de Lefort, 1857, diffèrent peu de ceux de Nivet, 1845; on pourrait en dire autant du travail de Truchot, n'était la lithine.

L'École des mines ajoute 0,0045 d'arséniate sodique pour Saint-Victor.

Nous avons déjà caractérisé le type par les chiffres approximatifs de 2 grammes de bicarb. alcalins, 0,2 de sulfates; 2 de bicarb. terreux, 2 de sel marin, bicarb. ferreux entre 0,02 et 0,06; silice jusqu'à 0,10.

A propos du fer, Lefort avait dit qu'au bout d'un temps la moitié se dépose; j'ai vérifié le fait sur des bouteilles gardées en cave trois ou quatre ans; le gaz y était toujours, mais la plus grande partie du fer s'était déposée au fond ou sur les parois; il se retrouvait en entier par l'acide Cl.H.

Quelques essais rapides donnent une idée nette de cette eau : le gaz se révèle par ses propriétés physiques bien connues; le tournesol bleu passe au rouge vineux et la teinture de Campêche rougit. L'ébullition produit un vif dégagement de gaz, le liquide se trouble en prenant une teinte ocreuse plus foncée pour Saint-Victor. Le chlorure Ba. acide ne donne qu'un trouble et le N AgO acide un précipité notable. Précipité par Ox. Amm. et, après filtration, par PhNaO Amm.

Voici quelques résultats d'analyse sommaire :

	EUGÉNIE	CÉSAR	St-MART.	St-VICTOR
Résidu bain de sable.....	1,15	2,3	3,6	3,7
Alcalimétrie, CO^3NaO....	2,15	1,2	2	2,12
Après ébullition.........	1,2	0,8	1,1	1,3
Chlorométrie Cl.Na.......	1,7	0,7	1,65	1,65
CO^2 total	2,18	2,2	2,1	2
CaO....................	0,4	0,28	0,3	0,3
MgO...................	0,18	0,07	0,11	0,2

J'ai opéré sur des bouteilles transportées, tantôt après quelques mois, tantôt après quelques années. Le gaz se conserve très bien, les bases terreuses en grande partie, le fer moins bien, nous l'avons dit.

A la suite de l'analyse de Truchot, la lithine fit grand bruit ; les 35 milligr. de Chl. de lithium dépassaient la *Murquelle* de Bade ; on oubliait la *Bullyuelle* et l'*Ungemacht*, où Bunsen avait trouvé 40 milligr. ; Boucomont s'était passionné pour cet agent, et tout le monde s'appuyait sur les expériences de Garrod sans prendre garde que Garrod et Charcot donnaient des doses autrement fortes, jusqu'à 2 grammes, quantité des carbonates alcalins prescrite dans le même but. Aujourd'hui on s'est calmé, car la lithine se trouve partout, et Bourbonne tient le premier rang 0,09 Cl. lithium. Disons, en passant, que le dosage spectral de cet alcali n'est qu'approximatif et le dosage pondéral difficile.

Action sur l'organisme. — La constitution chimique de ces eaux à éléments si variés, leurs applications sous des formes si multiples, la bonne installation, le climat, tout fait préjuger leurs vertus.

L'eau agréable à boire, même à table, car elle n'altère pas le vin, est apéritive et digestive. Allard la faisait couper avec du lait chaud. Dose 4 à 5 verres le matin, souvent aussi l'après-midi. Elle

n'est pas laxative, plutôt le contraire, augmente
l'urine dont elle diminue l'acidité. César est
employé comme eau de table.

Dans les bains à eau vive, le gaz dont les bulles
recouvrent la peau, en rougit et stimule toute la
surface; mais les effets deviennent bientôt sédatifs, ce qui a été observé partout dans les bains
gazeux. Les organes génitaux sont plus spéciale-
ment impressionnés. Il faut distinguer les bains de
César à 27 ou 28° qui produisent, en entrant, une
sensation de froid, bientôt suivie de réaction.
Durée 10 à 15 minutes, effet tonique.

Les inhalations d'une chaleur modérée sont
suivies d'une détente générale et d'une sensation
de bien-être.

L'ensemble de la médication tend à stimuler
l'activité fonctionnelle d'où peuvent résulter quelques symptômes de fièvre thermale, sans compter
les vertiges dus à l'ivresse carbonique. Les appareils sécréteurs sont mis en jeu et les muqueuses se
modifient, se décongestionnent. L'action du fer n'est
pas contrariée, comme ailleurs, par l'effet laxatif.
Les règles viennent en avance.

Un seul mot sur la théorie de la lymphe minérale, colportée dans les diverses brochures. On a dit
en comparant les analyses que deux litres de Royat
équivalent à un litre de sérum. Un peu de réflexion
rappelle que les éléments inorganiques de notre
corps sont entretenus par ceux du monde extérieur.
A ce compte toutes les eaux sont des lymphes minérales à divers degrés. Ingénieuse, si vous voulez,
cette théorie n'explique rien et ne conduit à rien.

Indications. — Boucomont les avait par trop

simplifiées : diathèse arthritique et maladies nerveuses sur un fond anémique ; l'élément arthritique justiciable de la lithine, l'élément nerveux anémique
des bains à eau vive. En attribuant tout à la lithine,
il fait bon marché des deux grammes de bicarb. alcalins.

On traite ici le rhumatisme et la goutte dans leurs
formes nerveuses et viscérales. Il est avéré que l'idée
de la lithine a amené un concours plus considérable
de goutteux.

Les névropathes anémiés trouvent le sel, le fer de
Saint-Victor, les bains à eau courante, la piscine, la
sédation des bains gazeux, un air vivifiant, etc.,
sans oublier la bonne nourriture. — L'état lymphatique souvent associé à l'anémie y trouve les mêmes
conditions favorables ; il est entendu que nous ne
parlons pas des vrais scrofuleux.

Les maladies abdominales ne se rattachent pas
toujours à ces états diathésiques ; dans les dyspepsies et gastralgies l'eau alcaline gazeuse remonte
l'énergie stomacale, dissipe les flatulences et neutralise les acidités. L'atonie du tube intestinal fait place
à la vitalité.

Quelques indications se présentent dans les coliques hépatiques ou rénales, action de décongestionnement du foie et des reins. Contre les affections
utérines, leucorrhées, catarrhes, engorgements,
bains, douches, injections d'eau gazeuse.

Nous arrivons aux voies respiratoires. La tradition en avait déjà consacré l'usage (mémoire
d'Allard sur la phtisie, *Annales d'hydrologie*, 1862-63).
Ses observations semblent viser la phtisie arthritique. Dans les diverses brochures il est fait mention

de quelques cas de phtisie (tubercules) améliorés.
Quoi qu'il en soit, l'application de cette eau alcaline
chlorurée coupée avec du lait aux maladies des voies
aériennes, comme à Ems, à Salzbrun en Silésie, à
Gleichenberg en Styrie, nous paraît opportune. Les
salles d'inhalation sont très suivies, et le nombre de
ces malades augmente. La proportion de 30 % don-
née par le docteur Petit est peut-être un peu exagérée. Bons effets dans l'asthme goutteux.

Bazin envoyait nombre de dartres dites arthritides : eczémas, acnés, pityriasis, psoriasis, etc. ;
Basset cite des cas de guérison d'eczémas secs arthri-
ques.

J'avais entendu dire à Laugaudin qu'il avait eu
quelques succès dans le diabète. Fredet a publié une
notice sur les diabètes goutteux et diabétides. C'est
un nouveau côté de la clinique.

Quant au parallèle classique entre Ems et Royat,
nous renvoyons à notre travail (*Annales* tome XXII).
Nous avons fait ressortir les analogies de constitution et d'applications. Nous avons montré Ems plus
résolutif, Royat plus reconstituant ; Royat plus spé-
cial aux voies digestives, Ems à la poitrine.

CHATEL-GUYON

De Clermont à Riom une douzaine de kilomètres
en chemin de fer ; de Riom sept en omnibus. Après
avoir monté une côte, on redescend dans la petite
vallée du Sardon. Elle est dirigée E.-O. entre deux
collines, l'une boisée, l'autre occupée par le village.

De nombreux auteurs ont écrit sur ce petit pays ;

2

son histoire est bien résumée dans la brochure de
Voury, 1882. Je ne sais ce que valent les restes romains découverts en 1858. Dans les deux derniers
siècles, nombreux documents. La source Deval date
de 1840 ; Nivet, Allard attirent l'attention du corps
médical. Jusqu'au milieu du siècle, il ne s'agissait
que de la boisson et pas encore des bains.

Depuis la société fermière, 1878, les progrès ont
été rapides ; de 12 à 1,500 visiteurs qui avaient
passé en 1877, le nombre s'était élevé à 3,000 en
1893. Entre ces deux dates j'ai trouvé de grands
changements.

La clientèle va s'augmentant, alimentée par les
grandes villes. Les nouveaux hôtels, parmi lesquels
le *Splendide*, se sont élevés rapidement ; un peu
chers, mais bonne cuisine. Villas élégantes et maisons meublées. — Le parc se déroule en longueur
vers les nouveaux Bains. — Le *Casino* bien placé
sur une éminence.

La construction d'un nouvel établissement de
bains était devenue nécessaire. L'ancien a une entrée mesquine et des chambres trop petites. Des deux
piscines on a fait des cabinets plus grands. On y
donne des bains ordinaires et des bains à eau courante.

Le *nouveau Bain*, assez éloigné, développe une
façade allongée, coupée par un dôme et terminée par
deux pavillons. Au centre, une cour à colonnes d'un
bon style ; autour, dix-huit cabinets, baignoires en
fonte émaillée, à eau courante, 28°. Salle de la piscine
vaste et claire ; bassin, 6 mètres de côté ; profondeur
jusqu'à 1",40 ; température 26°. Salle d'hydrothérapie ; grand vestiaire. Gymnase.

L'altitude, 380 mètres, approche de celle de Clermont. La chaleur estivale, plus intense qu'à Royat (moyenne 20°), permet une saison longue du 1er juin prolongée même en octobre. Le 15 septembre 1893, j'ai vu Baraduc occupé comme en pleine saison.

L'eau potable manque souvent, malgré l'aqueduc. Ce n'est pas sur le Sardon qu'il faudrait compter en temps sec. Autrefois, m'a-t-on dit, les habitants buvaient l'eau minérale.

Nous sommes ici à la jonction des terrains tertiaires et cristallins ; sur une des cassures du bord occidental de la Limagne. Le porphyre quartzifère du Sardon est à nu et les émissions d'eaux thermales paraissent s'y rattacher. C'est une roche d'un gris rosé, très dure. Le granit se voit sur la colline.

Dans la vallée sont les travertins produits des eaux, lesquels barrent le passage à de nombreux filets d'eaux thermales. Ils sont calcaires, siliceux, ferrugineux ; l'espèce aragonite y est très répandue.

Sources. — Assez nombreuses. — Le puits *Deral* ou *Brosson* est en avant du vieil établissement. Bouillonnements avec intermittences ; incrustations marmoréennes très dures. Débit 200 mètres cubes ; temp. 31,5 par Lefort ; en 1877, j'ai trouvé 33 ; en 1893, 32,5. La densité, indiquée 1003 à 15°, ne saurait être exacte, le résidu fixe dépassant 6 grammes.

Lefort et Wilm sont à peu près d'accord sur l'analyse élémentaire ; ils diffèrent beaucoup quant au groupement hypothétique.

Lefort : CO^2 libre 0,25 ; $2CO^2$ NaO, 1 ; bicarbonate terreux 2,45 ; SO^3Cao, 0,5 ; chlorures 3 dont

Cl. Mg 1,2 ; 2 CO²FeO, 0, 05, SiO², 0,12 — Wilm : CO² libre 1 ; point de bicarbonate de soude ; SO³NaO au lieu de SO³CaO. — Quelle meilleure preuve de l'incertitude de la reconstitution ! Ce qui reste à retenir c'est la quantité de sels magnésiens (1,6-1,7).

La *Vernière* a 32° ; *Yvonne* 34,5, c'est la plus chaude ; *Henri* pour les nouveaux bains, 28 — sources Gubler dont une fournit une exportation de 200,000 bouteilles. — Le débit total irait à 700 mètres cubes.

En 1883, j'eus l'occasion d'essayer cette eau gardée cinq années en cave ; elle avait conservé son gaz, et les réactions étaient sensiblement les mêmes ; les cyanures ne donnaient plus que des colorations légères, une grande partie du fer s'étant déposé.

En 1894 et 1895, j'ai trouvé dans l'eau, source Gubler transportée : CO² total 2,3; alcalimétrie en CO²NaO, 2,15 ; chlorimétrie en ClNa 3,4 ; SO³, 0,25 ; CaO, 1 ; MgO, 0,66. Les différences avec le puits Deval ne sont pas grandes.

L'eau de Ch.-Guyon dépose dans les réservoirs, dans les conduits, dans les piscines et les baignoires où elle devient trouble, jaunâtre. Les travertins se forment encore de nos jours mais sur une moins grande échelle que par le passé. Derrière l'établissement est un monticule qui m'a fourni des échantillons. Coloration grisâtre, surface rognonnée, structure caverneuse. Effervescence par les acides et résidu argileux. Chaux principal élément, un peu de magnésie, de fer et de matière organique. — L'examen rapide de quelques fragments du traver-

tin de Saint-Alyre m'a fourni des résultats analogues. Il est également riche en matière organique,
argileux, peu magnésien, assez ferrugineux.

Action et indications. — A la dose de 3-4
verres de 150 grammes ou de 6-8 suivant les indi-
vidus, l'eau est apéritive, laxative, même purgative ; pour les intestins rebelles, nécessité d'ajouter
quelques grammes de sel magnésien, addition qui
devient ensuite inutile. Les hémorroïdes sont
sollicitées ou ravivées. Les menstrues viennent en
avance. La sécrétion rénale est elle-même activée.
Au bout de quelques jours, diminution de poids. —
Les bains à eau vive sont excitants ; j'ai constaté
moi-même de vifs picotements à la peau. Plus tard
l'effet devient hyposthénisant.

Dans le cours du traitement complet par boisson, bains, douches, massages, etc., il peut survenir
des symptômes d'excitation circulatoire et nerveuse
qui n'entrent pas dans le plan du médecin et qu'il
doit réprimer.

En somme, c'est une médication puissante, sti-
mulante, tonique, rénovatrice par son action sur la
nutrition. La vertu laxative incontestable lui crée
une spécialité en Auvergne. On s'est à peu près
accordé à rapporter cette vertu au chlorure de magnésium. on aurait pu dire aux sels magnésiens ;
car l'attribution plus ou moins complète du magnésium au chlore est hypothétique. Lefort a mis en
avant le chlorure de magnésium, et les expériences
de Laborde sont venues à l'appui.

La tradition avait consacré l'usage de la boisson
contre les dyspepsies, la constipation, les fièvres
d'accès, les congestions et paralysies. — La clinique

actuelle comprend les dyspepsies atoniques, flatulentes ; états saburraux, catarrhes gastro-intestinaux, dysenteries chroniques, typhlites ; constipation par atonie contractile ; hémorrhoïdes, pléthore
abdominale, obésité ; congestions hépatiques. —
Maladies de l'utérus sur un fond lymphatique ;
douches vaginales à l'instar de Saint-Nectaire, les
injections sont préférables ; douches rectales. —
Congestions cérébrales et paralysies consécutives ;
institution du traitement quelques mois seulement
après l'attaque. Dans le ramollissement contre-indication. — Anémies d'origine diverse. — Cas de
succès dans l'albuminurie vraie, rapporté par
Gubler, — diabète atonique — viennent ensuite
les indications banales. — *Mémoire* de Baraduc 1881 et *Annales d'hydrologie*, tome XXI.

Baraduc a cru pouvoir mettre en parallèle Ch.-
Guyon et Kissingen en Bavière. Kissingen a près
de 9 grammes de minéralisation au lieu de 7, 5 ;
moins alcalin, plus chloruré ; riche en gaz, mais
froid. Les applications médicales se rapprochent,
sans être identiques.

On peut dire que Ch.-Guyon constitue une indi-
vidualité remarquable par sa richesse en magnésie, par son action purgative, par sa spécialité thérapeutique. Là est le secret de sa prospérité. L'a-
venir lui est assuré par l'abondance des filets thermaux dont une grande partie est sans emploi.

CHATEAUNEUF

L'arrivée n'est pas facile ; de Riom 30 kilomètres, 4 heures de voiture, 15 et 25 francs. La route, se dirigeant au N.-O. et laissant à droite Ch.-Guyon, monte à travers vignes et collines boisées, puis traverse la région déserte des Monts Dômes pour redescendre de Manzat dans la vallée de la Sioule.

Le paysage est triste et sévère : la Sioule coule vers le nord après une courbe sur elle-même entre deux murs de rochers abrupts ; au fond s'allonge une belle allée gazonnée de tilleuls et de châtaigniers. — Deux groupes dits *petits* et *grands bains*. Les deux hôtels des Grands bains sont proprement tenus, prix 6-7 francs, bonne cuisine. — Plusieurs piscines ; quelques cabinets de bains et des buvettes alignées le long de la Sioule, — vie de famille — saison du 1er juin au 1er octobre — 12 à 1,500 visiteurs presque tous du pays.

Même altitude que Ch.-Guyon, 380 mètres ; température plus fraîche par la moindre présence du soleil, les ombrages plus épais et le courant de la rivière assez forte en cet endroit.

Roches cristallines, porphyre sur la rive droite, granit sur la gauche ; l'intrusion du porphyre a évidemment ouvert la voie aux filets thermaux.

Presque tous émergent sur le côté gauche. J'ai trouvé à la piscine du grand bain 38°, à la piscine du bain tempéré 35, à la fontaine Lefort captée nouvellement 33. Les autres buvettes varient de

12-33. Elles sont très nombreuses ; Lecoq estimait leur rendement à 7 — 800 mètres cubes.

L'analyse a été faite par Nivet, Lefort, Truchot ; en voici l'aperçu : CO_2 libre jusqu'à un volume ; minéralisation 2—3,5, bicarbonates alcalins jusqu'à 2 grammes, dont potassiques le quart ; bicarbonate terreux jusqu'à 1 gramme, bicarbonates ferreux jusqu'à 0,06 — ClNa jusqu'à 0,5 ; SO_2NaO, jusqu'à 0,5 ; SiO_2, 0,12 ; Chl. de lithium 0,035, comme Royat. — C'est toujours notre type général des eaux d'Auvergne.

Indications. — Consulter brochures de Boudet 1877 et 84. Usage de l'eau en boisson, bains et douches. La boisson est un peu laxative, moins qu'à Ch.-Guyon. Les bains sont stimulants et toniques, d'autant qu'ils sont pris dans les piscines où sourdent les naissants avec toutes les vertus initiales. J'insiste sur cette condition, qu'on ne rencontre que rarement. Ces bassins contiennent de 10 à 20 personnes ; souvent on se couche après le bain.

Dyspepsies atoniques, flatulentes, catarrhes gastro-intestinaux. — Engorgements utérins, long séjour dans les piscines. — Rhumatismes chroniques, noueux ; grands bains chauds. — Quelques cas de goutte et de gravelle, par la boisson. — Dermatoses d'origine arthritique. — Phtisie à marche lente ?

Nous regardons Châteauneuf comme un bain de premier ordre ; pour cela nous l'avons placé à côté de Royat et de Ch.-Guyon. Grands rapports de constitution ; température supérieure, d'où quelques différences d'application. Châteauneuf a contre lui son éloignement de la station, sa position enfoncée, son installation primitive, le défaut d'appui et de publicité.

AUTRES SOURCES

Dans le voisinage de Riom et sur le prolongement de la faille occidentale de la Limagne, se rencontre une série d'eaux moins importantes, non sans valeur. Nous avons déjà mentionné *Enval* dans la course de Volvic.

Ronzat occupe le premier rang par son installation, ses piscines, sa température 30°, son débit 300 mètres cubes. L'origine est dans le gneiss en connexion avec la roche porphyrique.

Gimeaux, t. 25 ; débit également 300 mètres cubes. Naissance au point de contact des terrains cristallins et des calcaires.

Saint-Myon, t. 14, sortant du granit.

Toutes sont remarquables par la communauté de leur minéralisation, environ 4 grammes, toujours les mêmes sels (voir analyses de Lefort). Elles ont déposé des masses de travertins calcaires plus ou moins ferrugineux et cimenté les grès des bords de la plaine. L'analyse du monticule travertineux de Gimeaux nous le montre presque entièrement calcaire.

Un peu plus loin, sur les bords de l'Allier, nous trouvons Médagues et Vic-le-Comte.

Médagues, eau froide sortant des alluvions de l'Allier et dont plusieurs naissants bouillonnent dans le fleuve ; minéralisation, environ 4 grammes et toujours du type mixte, bien que Bouquet ait voulu le rapprocher de Vichy.

Vic-le-Comte ou **Sainte-Marguerite** nous arrêtera un instant ; à une heure de Clermont par le chemin de fer d'Issoire, à 7 kilomètres de Coudes. De la station 1.500 mètres. La vallée de l'Allier, courant S.-N. est bien ouverte, bois et prairies. — Deux ou trois hôtels-auberges. — Etablissement de bains primitif, une douzaine de baignoires. — Les sources nombreuses, il y en a plusieurs dans l'Allier qui bouillonnent, auraient besoin d'être captées à nouveau. — J'ai trouvé 25° à la source Valois et 17 à Chapelle. — La principale ressource est l'exposition.

Je ne donnerai que quelques traits sommaires de l'analyse faite par moi sur des bouteilles d'envoi.

	CHAPELLE	BRISSAC	VALOIS	HÉRON
Densité à 15°...............	1001,6	1004,1	1004,2	1004,5
Résidu bain de sable.....	2	5,25	5,4	5,5
Alcalimétrie en CO^2NaO..	1,06	2,86	3	2,9
Après ébullition.........	0,42	1,7	1,6	1,72
Chlorométrie en $ClNa$....	0,64	2,3	2,15	2,32

Elles sont très peu ferrugineuses, modérément sulfatées. L'analyse des mines inscrit pour Héron Chl-lithium 0,035, chiffre de Royat et Châteauneuf.

Nous passons au deuxième grand groupe, qui pourrait être appelé groupe du sud ou de la montagne. Nous y trouverons des types de premier ordre.

MONT-DORE, BOURBOULE, ST-NECTAIRE

MONT-DORE

Une de nos vieilles réputations balnéaires, remontant aux Gaulois (piscines en madriers, retrouvées par M. Bertrand) et aux Romains, *Calentes Baiæ* de S.-Apollinaire. Les restes du bain romain que l'on voyait dans le parc sont actuellement réunis et disposés artistement dans l'intérieur du nouvel établissement.

J'ai vu le Mont-Dore en 1856, en compagnie de Lecoq et de Chatin ; moins fréquenté qu'aujourd'hui, il avait déjà une clientèle parisienne, laquelle connaissait à peine Royat et point encore la Bourboule. — On était bien traité à l'hôtel de France (Cohadon) pour 6 francs par jour. Le tout à l'avenant : guides, 3 francs ; excellents chevaux de selle, 3 francs, race bretonne. Les temps sont changés. — De Clermont on prenait la grande route de Rochefort par La Barraque, ou celle plus courte et plus intéressante de Randanne, une cinquantaine de kilomètres. Je la conseillerais encore aujourd'hui ; trajet 6 heures avec arrêt pour déjeuner à Randanne ; landau, 40-50 francs suivant la saison. — Traversant la chaîne des puys, vous pouvez faire un arrêt au *Cratère de la Vache* d'où part la coulée vers le lac d'Aydat, coulée cachée par la végétation, mais se trahissant par sa saillie. Plus loin, un plateau de 1,200 mètres laisse voir, à l'ouest les collines de la Corrèze et du Limousin, à l'est la Limagne et les monts du Forez. Après se dessinent, dans un grand ravin à droite, les roches Tuilière et Sanadoire, dont la visite serait trop longue bien qu'elles paraissent à portée ; le lac de Guéry, altitude 1,300 mètres. Descente au village du Mont-Dore au milieu des ravins, des éboulis, des vieux sapins qui donnent au paysage désert une physionomie alpestre.

En 1881, je constatai des progrès notables ; il y avait alors : l'hôtel *Chabory*, donnant sur le parc ; le *grand hôtel*, près l'église, dans les hauts prix 15-18 francs ; d'autres plus modestes, tels que B. Bertrand ; la villa *Ramade* et autres pour familles. Les maisons particulières annexes des hôtels laissaient à désirer. La société était animée et choisie autour des deux étoiles, Marie-Rose et Nillson. Dans cette saison, le nombre des malades dépassa 4,000.

En 1893, nouveaux progrès : on reconstruisait l'hôtel Chabory sur un plan plus grandiose ; de nouvelles villas s'étaient élevées et l'ancien établissement était remanié de fond en comble ; le nouveau Casino embellissait le parc.

Aujourd'hui, on arrive par Laqueuille, où des omnibus d'un confortable parfait conduisent, en une heure et demie, à destination, 15 kilomètres. Correspondance avec les trains directs. On arrivera prochainement en wagon.

La ville a un aspect sévère par ses maisons de pierres grises et à toitures grises en phonolithes, par ses rues étroites et sombres ; mais la grande rue et la place des thermes offrent un mouvement extraordinaire de promeneurs, chevaux, ânes, guides, véhicules, sans compter les troupeaux de vaches. — Le parc sur la Dordogne est une promenade coquette, un peu restreinte. — Le Casino, à grand vestibule central, est simple d'architecture.

Des routes de Clermont et de Latour, promenades habituelles, le regard plonge sur la ville, et sa situation se dessine entre les deux plateaux de l'Angle et du Capucin, au point de rétrécissement de la vallée.

Climat. — Latitude entre 45 et 46° ; altitude 1,052 mètres (poteau du Club alpin aux thermes), c'est-à-dire 600 mètres plus haut que Royat. — Voici quelques résultats d'une observation personnelle de 4-5 semaines en juillet et août 1881 : moyenne barométrique, 672·73 ; maximum 681, minimum 662. — Moyenne thermométrique 18 ; maximum 30, minimum 8. — Moyenne hygrométrique 75 ; maximum 97 ; minimum 50.

Il y eut quelques jours de grosse chaleur gênante pour le traitement, et de sécheresse avec vent sud ; un refroidissement notable en août. Le vent N.-O. amena la pluie froide suivant le dicton du *bonnet du capucin* ; il y eut, fin juillet, un violent orage où la foudre brûla une maison de bois à 11 heures du soir. Ces orages ne sont pas si rares qu'on l'a dit : en 1856, 24 juillet, sur les plateaux de la route de Randanne, nous essuyâmes une tempête accompagnée de terribles détonations, de grêlons énormes, etc. ; le grain partit des monts Dore. Le lendemain, nouvel orage au col de Sancy.

Ce qu'il nous importe de retenir, c'est que la saison d'été est courte et qu'il n'y a, à proprement parler, que deux bons mois. Bertrand l'entendait ainsi, et quelques médecins, d'après sa doctrine, partent aux premiers jours de septembre. Du 15 juillet au 15 août, j'ai vu toujours un fâcheux encombrement. Le 4 septembre 1893, il y avait encore de la musique et un mouvement au parc. Quelques-uns de nos confrères cherchent à modifier l'ancienne habitude.

Septembre est beau quelquefois ; on ne peut y comptercomme à Royat ou Ch.-Guyon ; en octobre, qui a aussi de beaux jours, arrive la neige qui se maintient épaisse l'hiver.

Pour prendre une idée de la moyenne annuelle j'ai consulté les sources d'eau douce et la végétation : l'eau de l'abreuvoir est à 8°, la fontaine de la poste à 9°, chiffres un peu supérieurs. La source de la Grande Scierie qui devrait en approcher, vu l'altitude, m'a donné 5°, sans doute à cause d'une condition d'origine inconnue; une autre, route de Latour, atteignait 6°. Lecoq indique 3-5 pour les filets du marais de la Dore, alt. 1,700 m.. ce qui n'a rien d'étonnant si proche du Sancy. Le 15 août, mon thermomètre marquait 0° au sommet, tandis qu'il y en avait 13-14 au village, différence justifiée par une hauteur de plus de 800 m. L'eau potable est pure, laissant à peine un nuage sur la capsule de platine après évaporation.

Les vignes, les châtaigniers et les noyers des environs de Royat ont disparu ; on les retrouve à 700 m. environ au village de Cheix, près des grottes de Jonas. Culture maigre dans la vallée; peu de jardins, des prairies — sur les pentes abruptes du plateau de l'Angle qui regardent l'O. fleurissent l'Achillæa millefolium, les camomilles, les petits géraniums. Sur les pentes opposées du Capucin se développe un bois touffu de hêtres, de noisetiers, de houx, etc. La vallée est fermée au S. par la masse du Sancy, au N., le Puy-Gros, trop éloigné, ne la protège pas, et le vent peut y souffler sur une longueur de 8 kilomètres.

Le climat des hauteurs environnantes nous intéresse moins ; cependant il faudra s'en préoccuper si l'on songe sérieusement à un *sanatorium*. Ces plateaux sont à 12 ou 1300 m., beaucoup moins hauts que les solitudes de la Croix-Morand et de Cacadogne et moins froids. Cependant les troupeaux ne rentrent à l'étable qu'à la mi-octobre.

Un fait remarquable, c'est la dénudation des plateaux : si le Salon du Capucin fait exception par ses gros sapins aux lichens chevelus, les sommets de l'Angle n'ont que des hêtres rabougris dits fayards, et le sol assez aride est tapissé de gentianes jaunes, de genêts, d'œillets rouges, de renoncules, de convolvulacées. Cependant quelques prairies ont assez d'herbe pour être fauchées.

Plus haut, à 14-1500 m., il n'y a plus que des aulnes appelés vergnes et des saules nains. Du côté de la Croix-Morand et de Cacadogne, 1,600-1,700 m., c'est un feutre épais de bruyères, de myrtiles, de genévriers nains, des tourbières comme au nord de l'Écosse ; sol où les pieds se mouillent, s'enfoncent, où la marche devient laborieuse.

Cette absence d'arbres dans un sol qui n'est point aride, à une latitude moyenne, à une altitude où la Suisse possède de belles forêts de sapins, doit faire réfléchir sur les conditions spéciales des monts d'Auvergne isolés au-dessus du plateau et n'ayant pas, comme dans la grande montagne, la protection des sommets supérieurs. Ne serait-ce pas une mauvaise condition pour un sanatorium d'hiver ? — En fait de protection, j'ai songé au beau cercle de sapins qui entoure la prairie du Capucin.

Dans les vallées enfoncées, dans les bas-fonds, la végétation est plantureuse : gros sapins à lichens au ravin de la Dogne et de la Grande Scierie ; au-dessous fouillis inextricable d'arbrisseaux et de plantes folles le long des petits ruisseaux.

Constitution du sol. — Dans notre aperçu sur le massif central nous avons indiqué l'émersion des produits volcaniques à travers le fond cristallin. La région du Mont-Dore en est comme inondée et se prête merveilleusement à l'étude géologique.

Le trachyte est la roche dominante ; il constitue la série des dômes allant du pic de Sancy à la Croix-Morand ; il couvre les plateaux qui bordent la vallée, c'est-à-dire l'Angle, le Capucin, Rigolet, Bozat et, plus loin, Chaudefour. Il présente des surfaces mamelonnées, des saillies en dykes. Il a sa couleur grise ou blanc grisâtre, parfois semé de petites masses blanches qui donnent un aspect porphyroïde; de petits points noirs micacés. Il peut affecter la forme prismatique; je l'ai observée à la source de César, à l'époque où elle était isolée derrière l'établissement. C'est une série de colonnes inclinées, assez régulières, à vive arête, d'un diamètre de 0,40, à cassure gris foncé. Le trachyte prismé se rapproche du basalte par le poids, le grain plus serré, la couleur foncée.

Les basaltes qui ont traversé les masses trachy-

tiques se sont répandus au loin à des niveaux inférieurs et sur des plans inclinés. Lecoq indique sur
sa carte un pointement basaltique à la cascade du
Queureilh (1/2 heure du village sur la route de Randanne où les prismes sont surmontés de masses
tabulaires). Plus loin ceux d'Orcival et de Latour.

Les phonolithes sont moins répandus, ils se
trouvent en quantité dans les éboulis de la montée
au lac de Guéry, à la roche Tuilière ils affectent la
forme prismatique.

La variété andésite constitue la carrière de pierre
grise du Mont-Dore de l'autre côte du Capucin.
Pierre d'un gris sombre, sonore et celluleuse, à
l'instar de celle de Volvic.

Les tufs et conglomérats trachytiques sont très
abondants, ils ont exhaussé le fond de la vallée. On
en voit à la base de l'Angle, mieux à la *Grande
Cascade* 2 kil. C'est une sorte de cirque trachytique,
à escarpement d'environ 50 m., où alternent les
conglomérats. Les conglomérats se sont maintenus
par des coulées de lave trachytique. Le lit du ruis-
seau de la cascade roule des fragments de porphyre
trachytique et du sable par fragmentation. — Les
tufs bariolés se rencontrent sur le chemin de Rigolet ; tufs blancs à la Vernière. Ces tufs, remarquables
de blancheur et de finesse, sont peu cohérents,
forment avec l'eau une boue argileuse. Non effervescents par les acides, ils donnent une perle claire
avec la soude sur le charbon.—Signalons encore les
tufs ponceux des Égravats.

Les volcans modernes sont à distance, vers le
S.-E., nous en reparlerons. — Quant aux moraines
glacières objet de discussions, il existe dans la val-

lée, au-dessous du village, quelques surfaces moutonnées ou striées. Il n'y a point de stries aux éboulis des Égravats détachés du roc de Cuzeau; sur le plateau de Bozat et sur celui de Chambourget les blocs épars donneraient bien l'illusion d'erratiques.

En examinant la vallée, on la voit s'infléchir fortement au niveau des bains ; d'autre part les prismes trachytiques sont eux-mêmes infléchis et comme en désordre. La vallée est creusée entre deux parois trachytiques comme s'il y avait eu écart et rupture de voûte. Peut-être ce fut là le grand point de craquement qui ouvrit les fissures thermales ?

ENVIRONS

Voici quelques promenades aux environs dans le but de compléter l'étude des curiosités naturelles.

Cascade de Queureilh : 1/2 heure en descendant par la grande route. Par le beau temps arc-en-ciel de la nappe, l'eau avait 13°. Sur la route de Randanne un sentier à gauche y descend par un mauvais chemin.

Le Salon du Capucin. — Montée d'une demi-heure par les bois en sortant du parc ; c'est une promenade du soir abritée du soleil. La prairie gazonnée, bordée par les sapins est un rendez-vous pour les jeux. Diamètre des sapins 0,5 à 0,8. Trachytes gris et phonolites, tufs ponceux de Rigolet-le-Haut. Le sommet du Capucin approche de 1,400 mètres.

La grande cascade. — 1/2 heure à pied, sentier du club alpin bordé de tringles de fer, un peu vertigineux. Altitude 1,400 mètres, vue sur la vallée et la chaîne du Sancy, sur Murols et le lac Chambon. En bas l'eau tombe en poussière, t. 8°.

Pic de Sancy. — Du village au pied 1 heure 1/2, montée au sommet 1 heure 1/2, à pied ou à cheval. Route de voiture jusqu'au fond de la vallée. — En remontant la vallée, à droite le Capucin et le Puy de Cliergue ; à gauche l'Angle, la Grande Cascade, le Puy de Marcilh, Cuzeau et les Egravats. Au fond à droite, les vallées de Lacour et d'Enfer ; à gauche, la cascade du Serpent, long filet argenté ; les ravins de la Dore, et de la Dogne ; l'entrée de la vallée sauvage de Chaudefour.

Dans ce fond la végétation est exubérante : fougères énormes, épilobium à fleurs rouges, digitale pourprée ; dans les ravins, impératoire à ombelles blanches, rhubarbe, *angelica sylvestris* à tiges énormes ; plus haut *solidago* à fleurs jaunes, renoncules, centaurées, globulaires, œillets de montagne, enfin les saxifrages de Chaudefour et le *Salix Laponum*. Ne pas oublier le ravin de la Craie, ses alunites avec dépôts de soufre (alunite des Andes, Boussingault), ni l'hématite des eaux ferrées de la gorge d'Enfer.

Après le ravin de la Dore commence le chemin en zigzags. Entre 15 et 1600 mètres ne poussent plus que des bouleaux et saules rabougris ; hautes prairies à gentianes, bruyères, myrtiles et fleurs de montagne, aconit au val d'Enfer. — Au col, arrêt des chevaux, passage pour Vassivière ; il y souffle tout à coup un vent frais. Aux marais de la Dore quelques saules nains.

Montée de 15 à 20' par un sentier raide, ravin profond sur la droite, sur cette croupe quelques anémones ; porphyre trachytique à cassure gris bleuâtre, souvent altéré. — Sur la plate-forme étroite et sans abri est l'appareil de triangulation. — Vue grandiose : au N. vallée du Mont-Dore, village, Puy Gros, lac de Guéry et les deux Roches ; à l'E. vallée de Chaudefour, lac Chambon, Murols ; plus loin montagnes de Thiers; au S. lac Chauvet, Mont-syneire, Cantal ; N. O. Banne d'Ordenche, Murat le Quaire ; S. E, montagnes du Vivarais. — On domine les pics voisins : Ferrand 1850, Aiguiller 1840, Cacadogne 1800, et autres puys, ligne N-E. Du sommet du Sancy deux versants d'eau : d'une part Dordogne, de l'autre Allier et Sioule.

Les promenades des hauteurs par le Capucin et les bois de Cliergue, par l'Angle, jusqu'aux précipices de la vallée de Chaudefour, complètent ces dernières courses ; elles sont longues et difficiles.

Orcival. — 16 kilomètres, landau 25 francs, aller et retour 4 à 5 heures. Par la route de Randanne jusqu'aux roches. L'ascension de la roche Sanadoire par le côté N. est pénible, descente dans une vallée verte. Le village est sur un mamelon basaltique ; dans le voisinage autres masses de basalte pyroxénique ; tufs, conglomérats. Le granit apparait dans le bas, Fontaine 11°.

On y va pour l'église, roman pur du xi° siècle. Point de façade ; belles ferrures des portes. A l'intérieur cintres, colonnes à chapiteaux sculptés ; chœur élégant ; la vierge de la crypte.

Sources. — Actuellement elles sont toutes dans l'établissement reconstruit. *César*, la plus voisine de la roche prismée, qui a conservé sa voûte romaine ; le *pavillon Saint-Jean* ou *Grand Bain* ; la *Madeleine* nommée plus tard *Bertrand* en souvenir d'une grande figure médicale du Mont-Dore ; *Ramond* et *Rigny* dans la galerie d'en bas ; *Boyer* et *Pigeon* ; enfin la nouvelle source.

Je me garderai de décrire à part ces diverses sources, laissant aux médecins de l'endroit les destinations à établir.

Le débit total atteint 4-500 mètres cubes, ce qui est peu pour un bain si couru ; la température varie de 40-45°, un peu plus pour la nouvelle fontaine. J'ai dit ailleurs que le chiffre de Lefort pour César, 43, est trop faible de deux unités. La Madeleine a aussi 45 ; j'ai toujours trouvé 44 en haut du bassin, encore dernièrement, septembre 1893.

Ces eaux sont claires et se troublent un peu par l'ébullition ; réaction alcaline. Ramond, plus riche en fer, m'a donné, au puits même, des colorations nettes avec le tanin et les cyanures. — Densité dépasse 1001 ; minéralisation 1,5-2 grammes ; bicarbonates alcalins et terreux en quantité à peu près égale 1 ; chlorures 0,3-0,4 ; bicarbonate terreux 0,02-0,05 ; silice 0,15 ; acide carbonique jusqu'à 1/4 de volume. Thénard a trouvé un milligramme d'arséniate de soude ; Truchot un peu de lithine. Donc l'eau du Mont-Dore rentre dans notre type d'alcalines mixtes, faiblement arsénicales. Leur minéralisation faible les rapproche des thermales simples.

Voici donc une eau qui sourd à près de 40° au-dessus de la moyenne du lieu, ce qui supposerait une profondeur d'environ 1,200 mètres, si ce genre de calcul avait de la rigueur. Or la masse volcanique diminuant beaucoup d'épaisseur au fond de la vallée, le granit n'est pas loin, et c'est là très probablement la roche d'origine réelle, l'origine apparente étant le trachyte prismé.

Établissement. — Là était le bain romain dont les fouilles de 1817 ont révélé l'importance. Les Romains n'avaient pas élevé au hasard un tel monument dans ce lieu sauvage ; sur la place était le Panthéon.

L'établissement actuel fut achevé en 1823 sous l'administration du préfet Ramond. De Briende nous apprend qu'à la fin du siècle dernier, les routes étaient mauvaises et que les pulmoniques arrivaient brisés par les cahots ; il fallait apporter son linge et son coucher, et les logis étaient malpropres. On se baignait dans l'auge en pierre de César où l'on avait des congestions et des syncopes. La nouvelle construction ouvrit une ère nouvelle, et M. Bertrand devint l'âme de cette régénération.

Les thermes avec l'architecture romaine et la pierre lavique présentaient un aspect sévère. La façade est en partie conservée dans le même style ; mais tout a été agrandi, remanié à l'orientale, à la moresque, mélange de luxe et de confusion. On croirait entrer dans un palais des Abencérages ou dans une salle d'opéra. D'autre part, il a fallu conserver des parties anciennes qu'on a dissimulées sous des ornements peu en harmonie avec elles. C'est une folie architecturale qui échappe à toute description régulière.

Dans le vestibule, autrefois si étroit pour le service des chaises à porteurs, s'opère l'embouteillage ; appareils pour douches nasales et gargarismes. Deux bassins de César et Madeleine.

Les salles de bains de pied sont des halls vitrés, remplis de fleurs et de plantes enguirlandées avec un grand art. A droite et à gauche, des escaliers monumentaux conduisent aux galeries supérieures où se développent de vastes promenoirs.

Les cuves du Pavillon y sont toujours ; ces cinq cuves, désignées par des numéros, s'alimentent de naissants thermaux. La température de ces bains hyperthermaux est comprise entre 40 et 42 et ne va nullement à 44 comme il était dit et répété partout ; je crois avoir suffisamment rectifié cette erreur par mes expériences personnelles. Quelques-unes des cabinets pour bains tempérés subsistent, mais on en a ajouté une soixantaine. L'innovation à signaler est celle de cabinets munis de vestiaires et de salles d'inhalations privées, lesquelles dispensent des salles communes, — nouvelles salles d'hydrothérapie pour chaque sexe et cabinets de vapeur. — Piscines à eau courante en sous-sol.

Le bâtiment des inhalations a sa façade S. sur la place ; il est relié au précédent par une passerelle. Il a été successivement agrandi pour les besoins croissants, car la méthode conçue par Bertrand a pris une vogue extraordinaire. Les salles sont précédées par des vestiaires chauffés ; leur température s'élève de 28 à 30 ce qui m'a paru un peu trop chaud. Dans la journée ce degré est dépassé si l'on se rapproche des bouches. On a soin de ventiler après le déjeuner. Dans le sous-sol se voit le gros tuyau conduisant l'eau minérale aux chaudières. Donc il s'agit d'eau surchauffée et, à proprement parler, d'un bain de vapeur. Dans le sous-sol, salles de vapeur pour les indigents. Rien de particulier à dire des pulvérisations et des étuves.

Action physiologique. — La boisson est l'accessoire : c'est la Madeleine qui est le plus souvent ordonnée à la dose de 3-4 verres au plus. Elle se digère moins bien l'après-midi. Coupage avec lait, sirops, infusions. Quelques estomacs y sont réfractaires même à jeun ; peut-être à cause de sa température tiède dans le verre, à la fin de la cure elle produit un certain dégoût. Elle est constipante, et cependant on a mis sur son compte certains accidents diarrhéiques. Si l'on réfléchit que des touristes y sont sujets sans avoir bu, d'un autre côté que le climat de montagne éprouve plus spécialement les malades en traitement dont la peau est surexcitée, qu'une foule de causes tendent à troubler la diaphorèse, on comprendra que la Madeleine est peu coupable. Ces phénomènes, je les ai observés à Plombières, à Luchon, à Wildbad, à Teplitz et rapportés partout à la même cause. Ces remarques suffiront pour établir que l'arsenic n'a rien à faire dans cette occurrence.

Les bains avec les inhalations sont le fond du traitement. Du temps de Bertrand il était restreint aux bains et presque aux bains hyperthermaux. Pendant son long inspectorat, 1805-57, il mania énergiquement ce moyen perturbateur, prolongeant l'immersion jusqu'à 15 minutes. J'ai vu cette pratique il y a 40 ans ; en 1881, Chabory, Emond et quelques autres ne l'avaient pas abandonnée ; ils la mitigeaient soit en débutant par demi-bains, soit en diminuant la durée. Richelot avait commencé sa propagande en faveur des bains tempérés plus usités aujourd'hui.

J'ai voulu me rendre compte des effets des grands bains : l'espace est étroit et la buée entre les rideaux étouffante ; il m'a fallu revenir à la cuve n° 5 à 39°, ne pouvant supporter les autres. La respiration devenait anxieuse, le pouls plus fréquent, la tête lourde ; en sortant, congestion oculaire, rubéfaction de la peau. — J'observais les mêmes symptômes chez les malades, surtout aux cuves 2 et 3 ; il y avait même tendance à la syncope. Après l'immersion ils sont frictionnés, bien enveloppés et portés au lit dans les chaises fermées. — Plus la sudation est prompte et moins pénible est l'épreuve.

L'entrée dans les salles de vapeur, si elles fonctionnent depuis plusieurs heures, produit des symptômes du même ordre dans la respiration, la circulation et l'afflux sanguin vers la peau. La tolérance s'établit assez vite avec la sueur, et les poumons semblent se dilater ; l'irritation et la toux se calment.

Un traitement appliqué dans sa rigueur imprime à l'organisme une vive secousse, modifie les fonctions pulmonaires et cutanées, entraîne une forte déperdition par la peau, d'où la faiblesse des premiers jours et le besoin de réparer par une bonne alimentation. Alors l'action sédative l'emporte et les forces reviennent. La poussée ni la fièvre thermale ne se montrent souvent. — L'ancien traitement durait 10-20 jours. Avec la nouvelle méthode des bains tempérés il pourrait être prolongé.

Indications. — Elles sont très nombreuses, mais plus spéciales dans les maladies des voies respiratoires et dans le rhumatisme. — Dès longtemps les gens du pays venaient traiter leurs douleurs à la piscine, leurs catarrhes à la buvette de la Madeleine.

Coryzas, angines, laryngites chroniques, catarrhes des bronches se présentent sous leurs formes les plus variées. Dans les salles d'inhalation, l'aphonie, la toux férine, les douleurs laryngées se calment rapidement, d'où le concours des artistes, prédicateurs, professeurs, enfin de tous ceux qui, par profession, ont fatigué leur larynx. — Le catarrhe chronique des bronches, si fréquent dans les pays du Nord, si rebelle, une des causes de la sénilité anticipée, réclame le concours de la boisson, des bains chauds, de l'inhalation, des douches, pédiluves, etc. Diminution de la toux, de la dyspnée ; crachats moins épais, plus faciles. Retour des fonctions cutanées, de l'appétit, des forces, action décongestionnante.

L'asthme a vivement attiré l'attention des praticiens. Bertrand n'en donne que cinq observations ; Cazalis prétend qu'il échouait dans l'asthme sec par trop d'excitation. Richelot a publié plusieurs mémoires. Cazalis et Emond ont publié plusieurs observations dans nos *Annales*, 1881–1883. Emond a obtenu de bons résultats en associant la boisson aux demi-bains hyperthermaux, aux inhalations, aux douches thoraciques, aux pédiluves. Il a porté une attention particulière à l'asthme des foins, *hay-fever*.

Nous nous arrêterons plus longuement sur la phtisie. Durand-Fardel avait conclu défavorablement contre un climat froid et humide ; à cette époque on ne connaissait que la région méditerranéenne, et il était peu question des altitudes. D'après Fuchs et Hirsch, la zone favorable commençant à 1,000 mètres, le Mont-Dore serait en bonne altitude. Remarquons qu'il s'agit en ce moment de la cure d'été. Pour instituer celle d'hiver ce serait autre chose.

De Briende et Bertrand, étrangers aux théories, avaient constaté que l'air de leurs montagnes ne nuisaient point aux pulmoniques et, loin de provoquer l'hémoptysie, la réprimait quand elle était due à une faiblesse de tissu. Néanmoins, ils reconnaissaient les contre-indications, période congestive du début, sueurs profuses, diarrhées. Briende voulait qu'on laissât s'éteindre dans leurs familles ceux du troisième degré.

Le fait domine les raisonnements ; la tradition a conduit les tuberculeux au Mont-Dore. Les demi-bains chauds sont un révulsif puissant ; les bains chauds substituent une transpiration franche aux sueurs morbides ; les inhalations décongestionnent les muqueuses, même les parenchymes. La stimulation qui paraissait à redouter fait place à l'apaisement, le sommeil et l'appétit reviennent avec le calme du pouls. Je connais de nombreux cas d'amélioration, quelques-uns de guérison ; sans parler de ceux fournis par les médecins traitants, je puis invoquer les autorités de Gendrin, G. de Mussy et autres de mes maîtres.

On ne s'est pas contenté des faits cliniques : laissant de côté et le climat et l'action physiologique, on a voulu chercher un agent curateur, et l'arsenic de Thénard a été mis en avant en dépit de sa faible proportion (ASO^3NaO 1 milligramme).

Boudant et Richelot ont commencé la campagne
en faveur de l'arsenic (*Annales* 1862-63 et 1875-76 ;
publications de Richelot dans l'*Union médicale*
1874). Le parallèle établi par ce dernier entre les
effets physiologiques et curatifs du Mont-Dore d'une
part, et de l'arsenic de l'autre, est forcé pour les
besoins de la cause, et les résultats obtenus par G. de
Mussy avec ses bains arsénicaux jusqu'à 8 grammes
d'arséniate, ne sont pas plus à invoquer que les boissons lithinées de Garrod et de Charcot, comparées à
la lithine de Royat ou de Châteauneuf.

Ceci devait fatalement entraîner une polémique
avec la Bourboule, très gênante par sa proportion
vingt fois plus considérable de l'agent actif. Alors
il a fallu supposer le principe arsénical enveloppé,
enrobé dans les chlorures et annulé par cela même.
Où peut conduire le besoin de prouver ce qui
n'existe pas ?

Il ne suffisait pas d'écarter la Bourboule en
paralysant son arsenic, il fallait détrôner les Eaux-
Bonnes en possession de la clientèle des phtisiques, et mettre en cause l'agent sulfureux. Il
congestionnait les muqueuses et parenchymes, il
provoquait l'hémorragie. Pidoux s'est défendu
dans son parallèle avec les eaux arséniquées, 1877 ;
il a mis en œuvre les ressources de sa dialectique. Il
ne croit pas à la minéralisation des vapeurs des
salles. L'arsenic, d'ailleurs, s'adresse à l'herpétisme,
à l'asthme ; les Eaux-Bonnes vont au poumon et
réclament la vraie phtisie. Enfin, les diathèses
herpétiques et rhumatismales justiciables du Mont-
Dore sont les antagonistes de la tuberculose ; pro-
position qui nous paraît bien hasardée.

Ces joutes scientifiques n'ont que l'éclat des feux de paille. Il reste prouvé par la clinique que nombre de phtisiques guérissent aux deux stations rivales. C'est aux médecins pratiquants à poser nettement les indications. D'une façon générale, s'il y a de l'éréthisme, du rhumatisme, le Mont-Dore ; si l'élément scrofuleux domine, les Eaux-Bonnes ; et cela est encore trop absolu.

Le rapport entre les maladies chroniques de l'arbre aérien et les manifestations rhumatismales a été bien étudié par Bertrand. Le succès, dit-il, est complet lorsque les phlegmasies chroniques de ces muqueuses viennent d'une rétrocession rhumatismale, goutteuse ou herpétique. La recrudescence des douleurs serait alors de bon augure. Pareille remarque a été faite dans plusieurs bains thermaux à rhumatisants. — Je mentionnerai encore des névralgies et des paralysies rhumatismales ; le rhumatisme viscéral, les exsudats où les douches sont d'un grand secours.

Les maladies de la peau occupent peu de place. On pourrait en faire une plus grande aux affections utérines ; Bertrand traitait des leucorrhées. Laissons de côté les indications secondaires trop nombreuses dans tous les bains. — Les lésions cardiaques ne sont pas une contre-indication formelle.

Résumons. — Le Mont-Dore est une de nos premières stations françaises : origine antique, vieille réputation, connu des principaux médecins étrangers, situation pittoresque au centre du massif ; climat de montagne ; richesses botaniques et géologiques. Eaux chaudes d'origine infra-granitique. Établissement complet et luxueux. Méthode de bains hyperthermaux créée par un grand praticien ; méthode spéciale d'inhalations. Action puissante sur l'économie. Spécialité contre les maladies de poitrine et le rhumatisme.

La spécialité contre le rhumatisme ou l'arthritisme peut se raisonner ; il n'en est pas de même de la phtisie pulmonaire, à moins qu'on admette une modification fonctionnelle enrayant les progrès de la diathèse. En tout cas, rien n'est expliqué par la constitution chimique de l'eau, ni par la présence de l'arsenic à dose faible et, d'ailleurs, répandu dans les eaux de la région.

LA BOURBOULE

La Bourboule est à 7 kilomètres du Mont-Dore ; un peu plus près de Laqueuille, mêmes omnibus, en une heure, par la route de Saint-Sauves, qui traverse une forêt en attendant la nouvelle gare.

La Bourboule n'avait pas prospéré comme le Mont-Dore. En 1856, je n'y trouvai que deux ou trois auberges, un établissement mal tenu avec huit cuves de pierre autour d'une salle en commun, une cinquantaine de baigneurs peu fortunés. Un peu plus tard, les efforts de l'inspecteur Peyronnel avaient poussé le nombre à 500. — En 1881, je trouvai du changement ; Gubler, G. de Mussy, Bazin, Hardy envoyaient des malades ; on arrivait à 5.000. Les hôtels de la rive droite s'alignaient. La Compagnie construisait les nouveaux thermes.

En 1893, je constatai de nouveaux progrès : hôtels

de la rive droite, *Paris*, *Grand hôtel*, *Choussy*, etc.,
hôtels de la rive gauche des *Isles Britanniques*,
Continental, *Splendide*, etc. Villas, en tête *Médicis*.
La rive droite a l'inconvénient de la poussière et
d'une exposition S.-E. chaude; la rive gauche est
plus élevée, plus fraîche. C'est un choix à faire,
suivant la saison.

Deux casinos : celui des *Thermes*, d'une bonne
architecture et bien approvisionné pour les gour-
mets, pas assez apprécié; théâtre pour 5-600 p. Casino *Chardon* inachevé; salle de danse très vaste et
théâtre très suivi, très gai le soir. — Deux parcs,
Chardon et *Fenestre*; pièces d'eau, beaux ombrages.
— Les deux casinos ont des vérandas au nord d'où
la vue embrasse la ville, la vallée, les hauteurs de Murat — le Quaire et de la Banne d'Ordenche. Ainsi le
pays se dessine, mieux encore du rocher de la Bourboule, ou de la terrasse de Murat-le-Q.

Le nombre actuel des visiteurs approche de
10.000 dont 6.000 malades autant qu'on peut l'es-
timer. — Saison officielle du 25 mai au 30 septembre; peu de monde en juin et presque per-
sonne fin septembre.

La vallée de la Bourboule fait suite à celle du
Mont-Dore en prenant la direction ouest au lieu
de continuer vers le nord; elle s'ouvre de l'est à
l'ouest, bornée par de hautes chaînes; puis elle
s'infléchit encore au village, où elle semble fermée,
pour remonter vers Saint-Sauves. L'abri principal
est N.-O.; l'ouverture S.-S.-E. vers Vendeix est
atténuée par la pente. Cette disposition se voit
bien de Murat, mieux encore de la petite terrasse
sur la route de Randanne.

Climat.. — Même parallèle que le Mont-Dore; alt. 850 mètres, soit 200 mètres de moins. Une observation de trois semaines en août et septembre m'a donné : P. max. 710 ; min. 690. Temp du matin, 7 heures, 13-18°. L'ingénieur Lamarte a noté un maximum de 30 et un minimum de 8 pour la saison. Il paraît qu'en hiver la neige, épaisse sur les routes, fond dans les rues. — Il n'a plu que 6 jours sur 20 et plusieurs journées furent très chaudes, entre autres le soir d'arrivée au plateau de Laqueuille (1.000 mètres) ordinairement si frais. Deux orages d'une violence rare nous prirent le 6 septembre, sur la route de Saint-Sauves et le 11, sur celle de Saint-Nectaire. Nicolas signale, à ce propos, les crues subites de la Dordogne et ses affluents. Le temps est parfois plus fixe en septembre.

Les vents de la demi-circonférence E. sont secs et frais, ceux opposés plus humides. Par le vent S., chaleur orageuse. Matinées et soirées fraîches après des jours d'un soleil ardent ; il faut se couvrir.

Voici quelques-uns de mes essais sur les sources : au village, 9° à 850 m ; sur les pentes de la Bonsère, 9° à 1000 m ; à Murat, 11° à 1000 ; à Latour, 12° à 1000 ; au lac de Guery, 8° à 1300 m. ; au col de Dyane, 6° à 1500 m. Ici, comme au Mont-Dore, ces chiffres ne sont pas toujours suffisamment en proportion voulue ; néanmoins ils ne s'éloignent pas trop de la moyenne annuelle. La Dordogne donnait une temp. de 13° ; mais il n'y a aucune constante.

Ici, comme au Mont-Dore, les hauts plateaux n'ont que des prairies maigres, des troupeaux errants et des cabanes appelées *burons* ; mais les environs sont plus boisés. Les bois touffus du Liournat, de Saint-Sauves, de la Vernière, de Vendeix ne sont pas sans influence sur le climat qu'ils tempèrent. Les bois de Latour et de la Grande Scierie sont intermédiaires aux deux stations.

Les eaux potables sont pures : j'ai trouvé pour la Bourboule 5° hydrotim , Murat-le-Q. 4°5, Guéry 4°, Grande Scierie 3°, etc.

Nature du sol. — Nous retrouvons les coulées trachytiques et basaltiques, leurs tufs et conglomérats. Le plancher granitique apparait : par ilots sur la rive gauche de la Dordogne ; par masse imposante sur la rive droite, rocher de la Bourboule. roche des fées, prolongements sur la route de Saint-Sauves où, disposé par tables, il offre des inflexions ; couleur blanc bleuâtre due au feldspath dominant, points micacés, altération fréquente. Les trachytes se voient à Laqueuille, au plateau de Charlanne, sur la route de Vendeix ; les basaltes à Bonsère, à Murat-le-Q., à Vendeix, au bas de la Banne d'Ordenche. A Bonsère les pierres basaltiques sont disséminées dans les bois de hêtres et de sapins, souvent altérées et formant un terreau noir ; à Murat ils reposent sur les tufs, 50 m. au-dessus du village, et dessinent des prismes altérés.

Grandes masses de tufs et conglomérats : ils remplissent la vallée et s'élèvent sur les hauteurs, du Casino Chardon aux prairies de Suchères, sur la route de Murat, sur la route de Vendeix jusqu'à 300 m. au-dessus de la vallée ; puis se relient à ceux du Mont-Dore par Rigolet-le-Haut. Quelques-uns sont stratifiés par l'action des eaux. Souvent leur couleur d'un blanc pur tranche agréablement sur le vert des sapins. D'autres sont gris, noirâtres, jaunâtres, ocreux, bariolés suivant les substances qui les imprègnent. Des gisements sont assez durs pour en faire des moellons.

Ces tufs donnent peu d'eau au tube fermé, forment pâte avec l'eau et laissent au lavage un résidu siliceux ; peu ou point effervescents par les acides ; ils renferment des débris organiques, de petits fragments charbonneux. La coloration bleue de certains me paraît due à un sel de fer ; il y en a même de pyriteux. Lamelles de mica et cristaux vitreux de sanidine (cinérite acide).

Étudions-les dans la grotte de Choussy. La voûte en est formée par des tables granitiques d'un mètre d'épaisseur qui paraissent avoir glissé sur les tufs. Ceux-ci se caractérisent par leurs couches inclinées et infléchies, leurs divisions en fragments cuboïdes, leurs colorations variées. Il est aisé de reconnaître la nature ocreuse ou manganésienne de leurs enduits. Le long du rocher granitique ils atteignent 50-60 mètres de puissance.

On trouve des échantillons de perlite, d'alunite, de quartz résinite coloré en jaune par l'orpiment.

A 5 kilom. par la route de Saint-Sauves, le pont de la Dordogne, et par les bois jusqu'au pied du puy Châteauneuf, je suis arrivé à une galerie où j'ai recueilli de beaux échantillons d'antimoine sulfuré ; sur la rive opposée quelques petits filons de galène argentifère.

Au rocher de la Bourboule existe une faille dont la paroi visible est la face lisse du rocher, tandis que la paroi cachée est à 60 m. au-dessous ; c'est l'épaisseur du tuf démontrée par les sondages. Ajoutez à ces 60 m. les 80 m. d'altitude du roc granitique et vous aurez un rejet de 140 m. au moins. La faille plonge au S. E. avec 80° d'inclinaison ; la cinérite vient au contact du granite. M. Lévy y voit un affaissement pliocène se prolongeant peut-être le long de la vallée jusqu'au Mont-Dore et finissant entre l'Angle et le puits de Mareilh.

Il résulterait de là que la même faille se serait ouverte pour donner passage aux eaux chaudes du Mont-Dore et de la Bourboule. Ce ne serait donc qu'une même vallée d'effondrement et de fracture dont les points principaux de craquement seraient aux deux inflexions fortement accusées des deux gisements thermaux. Je rappelle la coordination aux gisements métallifères, filons quartzeux, etc.

Sources. — Les puits ont été successivement creusés dans le tuf. Leur histoire, *guerre des puits*, n'a plus d'intérêt, la Compagnie étant l'unique propriétaire depuis 1875. Il n'y a plus à parler que du *puits Choussy-Perrière* situé dans le hangar des machines, lesquelles refoulent l'eau dans les réservoirs, (ancien réservoir Choussy, 500 mètres cubes ; nouveau réservoir Mounier, 1,500 mètres cubes).

Ce puits a été foré à 75 mètres dans le tuf, jusqu'au granit, ce qui a prouvé l'origine granitique des sources. La température est de 55-60 au fond ; mais de 52 à la surface, comme nous l'avions trouvée avec Lecoq en 1856 — Débit 400 litres par minute, soit près de 600 mètres cubes. Les autres puits pourraient donner un supplément au moyen des câbles de transmission des galeries.

Rive gauche, sont les deux sources de *Fenestre*, température 17 et 17,5, qui servent à tempérer les bains. Débit total 800-1,000 mètres cubes. Donc, l'eau minérale ne manque pas, comme on l'a dit à tort.

Les deux analyses de Lefort, 1862 et 1878, montrent que les éléments sont à peu près les mêmes que dans les anciennes sources : minéralisation 6,5 ; bicarb. alcalins et chlorures environ 3 de chaque ; sulfates 0,2. — L'arsenic atteint le chiffre de 0,007, c'est à peu près celui de Thénard. Si Thénard a inscrit 0,02 d'arséniate de soude et Lefort 0,028, cela tient à ce que le premier prenait pour équivalent 177, ASO^32NaO ; le second 312, $ASO^32NaO,HO + 14HO$.

Voici les résultats de mon analyse sommaire: densité 1003,8 à 15° ; résidu sec à 180°,4,88 ; alcalinité en CO^2NaO 1,35, après ébullition 1,3 ; chlorométrie en Cl.Na 2,9,CaO 0,07 ; SiO^2 0,127 ; taches nombreuses par l'appareil de Marsh.

Le caractère de l'eau de Choussy est d'avoir peu de gaz libre, peu de chaux, de magnésie et de fer ; d'être franchement alcaline, chlorurée et exceptionnellement arsénicale.

Sources nouvelles. — Groupe distinct, à un kilomètre au bas du coteau de Pregnoux, qui est formé d'éboulis et de conglomérats. Les forages ont traversé une alternance de tufs, marnes, sables. Leur température varie de 12 à 18° et leur débit est assez abondant. Elles sont moins minéralisées, moins arsénicales, plus ferrugineuses. Elles se rapprochent du groupe de Fenestre. — J'ai trouvé:

	CLÉMENCE	M. ROSE	HENRI
Densité	1005	1002,3	1003,3
Résidu à 180°	4,6	2,48	5,05
Alcalinité, CO_2NaO	1,38	0,87	1,3
Chlorométrie, $ClNa$	2,8	1,56	2,49
CO_2 total	2,6	1,65	2,14
CaO	0,11	0,07	0,2
MgO	0,08		0,07
SiO_2	0,13	0,13	0,1
FeO	0,027	0,012	0,03

Etablissements. — En premier les *Thermes*, sur la rive droite, encore inachevés, vaste rectangle à pavillons, façade nord plus de 100 mètres ; cours intérieures. Entrée sous un dôme ; galerie centrale très vaste pour promenoir ; les galeries de bains y débouchent, larges de 4 mètres, hautes, claires. — Au centre de la coupole, la buvette où l'eau arrive à 48°, maximum. — Autour, salles de grandes douches, de vapeurs, de gargarismes, massages, hydrothérapie.

Dans les galeries 80 cabinets ; quelques-uns avec vestiaires, bien décorés, cube une vingtaine de mètres ; baignoires de 400 litres, où l'eau de Choussy arrive à 50° pour se mêler à celle de Fenestre. — Douches graduées P. 4-8 m. — Quatre cabinets à petites piscines pour bains prolongés. — Peignoirs en molleton.

Au bout des galeries : salles d'inhalation, l'eau brisée sur une plaque dans un bassin. Les malades, rangés autour, prennent en même temps le bain de pied nécessité, du reste, par la trop haute température. — Salles de humage dont les appareils sont de véritables pulvérisateurs ; c'est un peu le cas des cruches de Cauterets.

Le *bain Choussy* est au pied du rocher, voisin des

puits. Grand vestibule, buvette, salles d'inhalation, de douches, etc. — Piscine de 8 mètres sur 6, température 34, trop chaude à cause de la voûte basse ; on y va peu. — Une cinquantaine de cabinets moyens. — Douches vaginales dans le bain. Au premier, salles de humage, pédiluves, etc.

Le *bain Mabru*, pour la 3ᵉ classe, offrant les mêmes ressources balnéaires, plus une galerie pour indigents. J'ai trouvé jusqu'à 49° à la buvette.

Action physiologique. — L'eau de Choussy est assez bien supportée à la dose de 3-4 verres, souvent prescrite en demi-verres ; elle peut produire quelques pincements d'estomac qui disparaissent par des correctifs. La diarrhée est un accident dû à une intolérance particulière, plus fréquemment à l'inconstance du climat de montagne et au peu de prévoyance des baigneurs dans leurs promenades. L'appétit augmente, puis diminue, même il peut survenir de l'embarras gastrique. L'*angine thermale* est une sorte de fluxion passagère.

Le bain à 35°, de 15 minutes à 45, prolongés dans les baignoires spéciales ou dans la piscine. Les douches 35-40°, durée 5 minutes ou moins pour les grandes douches. — Les inhalations 15-30 minutes. — Les effets de ces applications externes varient suivant le plus ou moins grand nombre d'agents et le plus ou moins de modération dans leur emploi. Il peut survenir un état fluxionnaire des muqueuses et des parenchymes, de la peau. La poussée produit des démangeaisons incommodes et des troubles nerveux. La diurèse et l'augmentation de l'urée ont été l'objet de discussions. Quant à la nutrition, elle s'améliore surtout chez les enfants.

La théorie des symptômes arsénicaux est loin d'une démonstration complète.

Nous avons rappelé, à propos du Mont-Dore, les longues discussions entre les champions des deux stations rivales. Est-il vrai que l'arsenic soit annulé à la Bourboule, lui qui agit si vivement au contact des chlorures alcalins de l'économie. Il n'est pas rationnel de le supposer ; que son action soit un peu affaiblie, qu'elle se combine avec celle des autres ingrédients, rien d'impossible à cela. Quant à la dose de 28 milligrammes par litre, il n'y a pas tant à s'en effrayer, d'autant moins, qu'au début, il ne s'agit que de doses modérées.

Indications. — La tradition mentionne les rhumatisants, scrofuleux, catarrheux, herpétiques, fiévreux.

L'arthritisme en première ligne ; un tiers des malades de Peironnel étaient arthritiques. L'attention a été appelée sur ce point à cause des succès obtenus par G. de Mussy au moyen des bains arsénicaux ; il y avait exagération.

Dans le rhumatisme noueux, la spécialité est moins accusée qu'à B.-Larchambault, et, dans la goutte, c'est la forme atonique comme à Wiesbaden.

La scrofule y est représentée principalement par les enfants auxquels la cure convient : les ganglions se résolvent, les muqueuses se décongestionnent, les ulcères se détergent, la nutrition s'améliore, disons-le, par des cures longues et répétées à la mode de Kreuznach. Quant à la scrofule profonde, les médecins de Clermont en ont dit trop long. Sous ce rapport, Salies a porté tort à la Bourboule et aux chlorurées moyennes.

Les maladies de poitrine ont augmenté de nombre depuis l'inhalation et le humage. Un certain nombre de ceux qu'on appelle catarrheux m'ont dit qu'ils avaient vu diminuer leur susceptibilité après plusieurs saisons. — Quant aux phtisiques, Nicolas en compte bon nombre dans sa clientèle, mais il a soin de faire ressortir les conditions d'exclusion : lésions avancées, diffuses, excitabilité, toux férine, congestion. J'ai rapporté ailleurs quelques cas d'hémorragies. Les expériences de Bazin et de G. de Mussy sur l'eau transportée avaient séduit les médecins qui y envoyaient leurs malades sans choix. Les formes à marche lente donnent le plus de succès ; les phtisiques se remontent et engraissent, même avec des cavernes. — Le traitement sera dirigé avec prudence : boisson coupée avec lait, sirops béchiques ; demi-bains et pédiluves révulsifs, douches également révulsives, non directes ; régime tonique, bon lait de montagne, exercice. — L'altitude de 850 mètres est peut-être favorable sans produire les effets qui lui ont été attribués théoriquement.

Nous retrouvons encore la polémique avec le Mont-Dore. Ce dernier a sa vieille réputation solidement établie, je dirai même inattaquable. S'il a pour lui l'altitude plus grande de 200 mètres, l'air plus vif, son immense clinique d'inhalation, la Bourboule jouit d'un climat plus doux, possède une minéralisation spéciale et plus active. Le premier est plus sédatif, le second plus reconstituant. Ce ne sont donc pas tout à fait les mêmes malades qu'il faut adresser ici ou là, et ils ne doivent pas tous passer pour des clients de l'arsenic. Il n'est pas aisé d'établir des divisions dichotomiques tranchées ; car la clinique nous apprend que la phtisie dite torpide passe par des périodes d'éréthisme, de congestion, d'excitabilité nerveuse. — D'autre part, n'oublions pas que les Allemands traitaient leurs tuberculeux à Soden quand nous ne connaissions que les eaux sulfureuses. Nous nous reportons aux chlorurées. Tout cela prouve qu'il y a plusieurs espèces d'eaux qui agissent.

L'herpétisme est la spécialité incontestable que le Mont-Dore ne peut disputer. L'arsenic est un facteur, non indispensable, puisque les agents sulfureux et Louèche sulfatée entrent en ligne. La cure des dartres demande un régime modéré, des bains prolongés (autrefois 4-5 heures), une longue saison.

Bazin et Hardy envoyaient nombre de malades, des eczémas chroniques qui se guérissaient, des acnés, des psoriasis qui s'amélioraient ; Vérité nous parle surtout de psoriasis arthritiques. Le psoriasis et le lupus sont rebelles comme partout ailleurs. — Des recrudescences pénibles se manifestent sous forme de fluxions, de démangeaisons ; la peau prenant un aspect érysipélateux. Plus tard, tout se calme ; les psoriasis blanchissent.

Contre les syphilides, on emploie le traitement combiné par les préparations iodo-mercurielles ; c'est le même qu'à Aulus, aux Pyrénées, à Aix-la-Chapelle. L'arsenic joue-t-il un rôle tel que le supposait Hébra ?

L'ancienne source des fièvres avait grand crédit auprès des gens du pays ; ils y viennent encore ; l'arsenic doit agir.

Les chloro-anémiques se refont à la montagne. Affections de l'utérus greffées sur l'anémie et le lymphatisme ; irrigations vaginales. — Les diabétiques plus nombreux depuis G. de Mussy (voir Mémoire de Danjoy, Annales, XXII) ; diabétiques maigres, azoturiques. — Depuis la vogue de Salies moins de lésions chirurgicales.

La Bourboule est une de nos stations les plus importantes du massif central ; sa clientèle dépasse celle du Mont-Dore. C'est une station nouvelle en ce sens qu'on la connaissait à peine avant 1870. Le nombre des visiteurs a décuplé. Si elle reste stationnaire depuis quelques années, cela tient au retour contre un élan trop précipité. Belle eau alcaline mixte, arsénicale entre toutes ; possédant une clinique variée et rendant des services quand elle est maniée avec prudence.

ENVIRONS

Quelques excursions aux environs auront autant d'attrait pour le touriste que pour le géologue.

La route de Laqueuille par Saint-Sauves a été parcourue à l'arrivée. — Jolies promenades vers Saint-Sauves, par les bois sur la rive gauche de la Dordogne. — Encore une promenade à pied jusqu'à la *cascade de la Vernière* ; étude des tufs blancs.

La route du Mont-Dore est toujours encombrée de voitures, poussiéreuse. A voir : la fontaine pétrifiante, les éboulis qui simulent des moraines, les conglomérats basaltiques sur la gauche.

Il a été question des basaltes de *Murat-le-Q.* Tout le long de la route les tranchées laissent voir une grande variété de tufs et conglomérats.

Roche Vendeix. — 1 heure de montée. Direction N.-N.-O.-S.-S.-E. Longer le parc Fenestre ; à droite vue des bois de la Roche. Les tufs et les conglomérats se continuent tout le long de la route, très variés de couleur et de consistance, souvent altérés par la gelée ; ils renferment de temps en temps de gros fragments intercalés. Surfaces ocreuses ou dendritiques ; cristaux blanchâtres dans les parties compactes. — Le sommet basaltique de la roche Vendeix dépasse 1,100 mètres ; de la route un quart d'heure de montée. Vue, au N.-E. puy Gros, à l'E. le Capucin, au S. Bozat.

Latour. — Par Saint-Sauves et retour par Vendeix, 30 kilomètres, landau 15 à 20 francs. Une des plus belles tournées. — Laissant à gauche le pic de Châteauneuf, vous suivez le bord occidental du plateau cristallin d'où la vue s'étend sur les collines de la Corrèze. A cette altitude de 1,000 mètres se trouve le blé joint à d'autres cultures ; il y a également du blé au plateau de Saint-Victor, même hauteur. En arrivant au village l'œil est attiré par la statue de la Vierge sur un mamelon. Là se rencontrent les plus beaux prismes basaltiques de l'Auvergne comparables à ceux de l'Ardèche ; prismes dont le musée du Jardin des Plantes possède des spécimens. — Ces prismes traversés par la route ont 7 à 8 mètres de haut sur un diamètre de 0,8 à 1 mètre. Ils sont pentagonaux par l'effacement presque complet de la sixième face, sectionnés, noirs, lourds, durs à fragmenter.

De là, montée au plateau de *Chambourget*, vers 1,300 mètres, où les vaches sont parquées dans les hautes prairies dénudées. Blocs disséminés, d'aspect erratique. — Vue immense sur quatre départements. Retour par les belles forêts dites *bois de Latour* ; sapins à lichens chevelus et fourrés épais des ravins humides. Descente par Vendeix. — En prenant la route par Murat-le-Q., qui allonge de quelques kilomètres, la tournée est plus complète et demande toute l'après-midi. — L'excursion se fait aussi du Mont-Dore par les hauteurs de Rigolet. Cette même route descend à la Bourboule par Vendeix.

La montée au *lac de Guéry* est plus longue en partant de la Bourboule. A quelques cents mètres au delà du lac se dessinent les roches Tuilière et Sanadoire.

SAINT-NECTAIRE

Route du Mont-Dore à Saint-Nectaire. — 20 kilomètres, 4 heures, landau 30 francs ; comptez 6 heures avec un arrêt pour Murols et le lac Chambon. C'est un des parcours les plus pittoresques.

Après avoir monté la côte au sortir du village, un petit plateau offre une belle vue sur les deux vallées : celle du Mont-Dore et la masse du Sancy qui la termine, le pic de Sancy se distinguant par sa corne recourbée ; celle de la Bourboule où l'œil plonge découvrant les collines de la Corrèze par-dessus le plateau de Laqueuille. Nous avons parlé des basaltes du côté N. de l'Angle. Au sortir du bois où est la cascade du Saut de loup indiquée par un poteau, quittez la route de Randanne pour l'embranchement de Saint-Nectaire.

La montée du col de Dyane est longue et raide, le paysage triste et sévère sur ces hauts plateaux dénudés. La route contourne les pays de Mone, de la Tache, du Barbier ; à gauche la Croix-Moraud ; vue rétrospective sur Rigolet, Bozat, le puy Gros, Guéry et les deux roches. Le sol est un fourré, une sorte de feutre de hautes herbes, de bruyères, de myrtilles, se convertissant en une tourbe humide où le pied s'enfonce, où les troupeaux errants donnent quelque physionomie. — Au col, s'ouvre un nouveau paysage très étendu sur le pays d'Issoire, la vallée de l'Allier et les collines qui s'effacent. — La descente dans le ravin du lac Chambon est imposante, mais un peu effrayante par ses lacets trop courts.

Là, il faut s'arrêter après avoir descendu environ 600 mètres, le col vers 1,500. Le lac Chambon, près du village de Murols, est le plus grand de l'Auvergne ; il est barré par la coulée du Tartaret, éminence volcanique à scories qu'il est facile d'étudier sur les bords du lac. Dans cette même région s'ouvre la vallée de Chaudefour jusqu'à la base du Sancy, vers le N.-E. ; vallée à bords abrupts appréciée des botanistes.

La visite du château de *Murols* est classique ; une petite demi-heure de montée. Quelques restes moyen âge, armoiries, culs de lampe, cheminées ; une vaste enceinte de ruines imposantes, une vue sur les monts Dores, sur le clocher de Saint-Nectaire ; je recommande une échappée au travers d'une arche sur le lac. Le mamelon qui supporte les ruines est basaltique ; quelques scories d'un gros volume. La construction était toute en pierres volcaniques.

De Murols à Saint-Nectaire, 5 kilomètres par une route facile, les altitudes n'étant pas bien différentes. Vallée granitique, plus sévère en approchant.

Il est une route plus courte du Mont-Dore à Saint-Nectaire ; c'est l'ancienne voie romaine au-dessus de l'Angle. Elle n'est point carrossable ; je l'ai suivie en 1856.

L'arrivée à Saint-Nectaire, par Coudes, demande 1 heure de chemin de fer, de Clermont, puis 2 heures de voiture, 25 kilomètres. Route par Champeix (source gazeuse), Montaigut-le-Blanc, Verrières (cascade de la Couze), Saillans (autre cascade). La dernière partie de la route est enfoncée dans les masses granitiques.

Saint-Nectaire fut connu des Romains qui semblent avoir préféré la partie basse. — Un vieux manuscrit nous dit que Lafont, médecin de Besse, prescrivait ces eaux en 1680. Au commencement du siècle, les découvertes des sources Mandon, Boëtte et Cornadore ont fait connaître cette station, dont les mérites ne sont pas encore bien appréciés. Cependant, les matériaux scientifiques ne manquent pas.

Au point de vue topographique, distinguons *Saint-Nectaire-le-Bas*, dans une vallée bien ouverte E.-O. et *Saint-Nectaire-le-Haut* au pied du Cornadore, partie étroite et sauvage. Du haut de l'église, qui mérite une visite par son style roman-byzantin, on voit bien le pays.

A l'époque de mon premier passage, 1856, les établissements étaient très défectueux. En 1873, la création de l'*hôtel Versepuy*, à Saint-Nectaire-le Haut, assura aux malades le confortable qui manquait. Depuis ce moment, jusqu'en 1893, j'ai pu m'assurer personnellement de la bonne tenue de cette maison : prix modérés, 8-10 francs ; peut loger près de 200 personnes avec les annexes. Il y passe 4-500 personnes par saison. — L'espace est un peu restreint, ce qui fait l'animation de la terrasse.

Saint-Nectaire-le-Bas qui s'était amélioré, est un peu en décadence ; plusieurs hôtels reçoivent la clientèle locale.

La saison officielle est du 1er juin au 1er octobre ; mais on part de bonne heure ; vers le milieu de septembre, je n'ai plus trouvé qu'une douzaine de personnes prêtes à s'en aller.

Le climat est bien différent de celui des deux autres villes d'eaux ; si la latitude est presque la même, l'altitude n'atteint pas ici 800 mètres. Saint-Nectaire-le-Bas une cinquantaine de mètres en moins. Saint-Nectaire-le-Haut, que nous avons en vue, est enfoncé entre la hauteur de l'église à l'Est et le mont Cornadore à l'Ouest. Il en résulte un abri contre le vent, mais une forte chaleur l'été, la façade de l'hôtel est N.-N.-E. — En 1881, je ne pus faire que deux semaines d'observations, à partir du 20 août ; c'était une année chaude. La moyenne barométrique des maxima et minima fut 697. La moyenne thermométrique 20. La moyenne hygrométrique d'environ 70. Le vent du Sud souffla plusieurs jours et fut assez incommode. — J'ai eu l'occasion d'observer quelques orages violents, entre autres deux en juin 1877, un vers la mi-septembre 1893, le tonnerre tomba sur l'église. Même violence qu'au Mont-Dore et à la Bourboule.

La végétation est moins puissante : pas de grands bois et peu d'arbres de haute venue dans les vallées granitiques. Quelques parties basses ont des prairies vertes et des cultures variées ; tandis que les sommets n'offrent que plantes rabougries. Les noyers, les châtaigniers, la vigne reparaissent, par exemple, au village de Cheix, près les grottes de Jonas, à 700 mètres.

Nature du sol. — Etude géologique variée. Le granit a été entaillé pour la construction de l'établissement de bains. Le mont Cornadore n'est qu'une longue croupe granitique s'étendant N.-O.-S.-E. jusqu'au puy Châteauneuf. Le granit apparait par masses dans les vallées voisines du Courançon et de la Couze ; il est gris jaune, tantôt dur, tantôt friable. — Au-dessus se dessinent les sommets basaltiques qui entourent, tels que le puy Châteauneuf, à une altitude dépassant 900 mètres ; la forme prismatique s'y présente quelquefois. Sur ces sommets ne poussent que des arbustes (genévriers, rosiers, groseillers sauvages). Sur les flancs, des tufs et des conglomérats. Dans les ravins se voit bien le contact du terrain éruptif avec le granit. — Parmi les dykes à protubérances originales, citons celui de Verrières, bien visible sur la route de Coudes.

L'éruption moderne est représentée par une série de cônes alignés O.-S -O. E.-N.-E. du Tartar — et à la vallée de l'Allier. Ils sont constitués par un amas de scories et de cinérites de coloration noirâtre ou rougeâtre, comme à Gravenoire. Ces produits se retrouvent sur la route du plateau de Saint-Victor (carrière de lapillis) et sur celle de Besse. Les petits cônes sont des mamelons de 20 ou 25 mètres de haut, tranchant par leur stérilité sur les cultures de la plaine; il n'y pousse que des fougères, genêts, chardons, campanules, bouillons blancs, rosiers et pruniers sauvages rabougris.

Les travertins constituent une formation de haute importance savamment décrite par Lecoq. Dans la vallée du Courançon se dessinent de longues traînées blanches qui recouvrent la mousse et les herbes; commencement de pétrification. Dans ces prairies j'ai trouvé des plantains et des carex qui ne poussent qu'au bord de la mer. Au ravin de la source de la Coquille beaux spécimens de *Plantago maritima*. La grotte des incrustations fait concurrence à Saint-Alyre pour les pétrifications, camées; je signalerai les pisolites analogues à ceux de Carlsbad et des conferves. Dans la grotte se voient des cuves en pierre dites baignoires romaines; leur forme arrondie m'a rappelé celles des bains de *Bagnoli* près Naples.

Sources et bains. — La masse granitique du Cornadore, derrière les bains, est divisée par des joints; il y aurait, d'après Chancourtois, trois plans distincts dont l'intersection donnerait naissance aux filets thermaux. Ils coulent dans des rigoles où le granit s'est altéré en une boue feldspathique, mêlée de dépôt effervescent. Le grand réservoir de la source du Rocher creusé dans le granit est alimenté par des filets ascendants.

A l'entrée des bains sont la source du *Parc* et la source *Rouge* toutes deux tièdes et d'un faible débit, réservées à la boisson. Elles subissent des variations dues à la profondeur insuffisante des conduits. En 1877 Parc 25° ; en 81 Parc 26, Rouge 23 ; en 1893 Parc 22, Rouge 21 ; à la suite d'un refroidissement nocturne j'ai constaté une diminution de 3 degrés.

La source principale dite du *Mont-Cornadore* est au premier étage où elle bouillonne dans un réservoir, couverte d'une cloche de cuivre pour recueillir le gaz. Descloiseaux indique 39° ; je n'ai jamais trouvé que 38° en 1877, 1881 et 1893 ; elle ne subit aucune variation. Son débit est de 75 m. c. Elle suffit au service des bains. Les anciens cabinets de bains sont un peu sombres, plus rapprochés de la source ; les nouveaux, dans la galerie vitrée, plus clairs, plus spacieux (environ 20 m. c.). Les baignoires reçoivent l'eau par le fond pour conserver le gaz ; elle arrive ainsi de 36 à 37°.

La petite source voisine dite *Vaginale* a été préconisée par Vernière. Elle présente un siège disposé à la mode du Capucin à Plombières et de la *Bubenquelle* à Ems, temp. 34°. Les douches utérines de gaz se pratiquent également. Il y a un cabinet pour bains et douches de gaz.

La source du *Rocher*, temp. 43, débit 150 m. c. pourrait, au besoin, fournir un supplément.

Saint-Nectaire-le-Bas un peu négligé, possède plusieurs sources et plusieurs établissements ; dans les *bains Boëtte* la source de même nom, la plus chaude de toutes, 45° ; piscine de natation. Les *Bains Romains*, salle d'en bas originale ; source de la *Coquille, Mandon* 37°.

Un grand nombre d'autres sources tièdes s'échelonnent le long du Courançon où bouillonne gaz. Vers le milieu de la route qui relie les deux villages, est la source *Gubler* dans une excavation ; j'ai trouvé un filet à 36° remarquable par ses dépôts de barytine, calcaire ocreux, conferves. Dans le voisinage est la Forschérite de Descloizeaux.

Analyse. — Après Nivet et Terreil est venu Lefort 1860 : gaz libre dépasse un gramme, bicarb. de soude environ 2, de potasse jusqu'à 0,7 ; bicarb. terreux près de 1 ; chlorures 2 à 3 ; sulfates 0,2 ; silice 0,1 ; un peu de fer et un peu de lithine. Wilm trouve un peu moins de potasse, un peu plus de sels terreux. Quant au mercure, Garrigou est le seul qui l'ait trouvé. A tout prendre ces caractères chimiques sont des plus remarquables.

Je rappelle mon examen sommaire de quelques sources dans des bouteilles transportées.

	VALLÉE	ROMAINE	BAUDOUIN	DUMAS
Densité au flacon........	1003,2	1005	1005,2	1003,4
Résidu à 180°...........	3,72	5,25	5,5	5,9
Hydrotimétrie	60°	60	80	96
Alcalimétrie CO²NaO.....	1,7	2,5	2,6	2,75
Après ébullition..........	0,95	1,7	1,8	2,3
Chlorométrie en Cl.Na....	1,15	2,55	2,44	2,78

Nous renvoyons au travail de Descloizeaux sur les dépôts si intéressants des eaux anciennes : quartz résinite ou semi-opale associé à l'aragonite ; forschérite revêtue d'une croûte jaune mamelonnée (orpiment) et liée à une sorte de glairine.

Indications. — L'action physiologique nous aidera à les comprendre. L'eau bue à la dose de 2-4 verres active la digestion ; elle devient laxative s'il est possible d'augmenter la dose ; mais le résultat n'est pas aussi net qu'à Chatel-Guyon, et le concours des sels amers devient nécessaire. J'ai constaté sur moi-même la diurèse, l'alcalinité de l'urine et son odeur spéciale. — Les bains à eau vive produisent les effets déjà mentionnés du gaz sur la peau. — L'ensemble du traitement agit comme modificateur fonctionnel et comme tonique. Les règles et les hémorroïdes sont influencées.

La clinique de Saint-Nectaire est caractérisée par l'anémie et le lymphatisme ; à la table d'hôte, femmes et enfants sont en majorité. Les sources rouges sont indiquées pour les anémiques, les autres contre le lymphatisme ; les bains et les douches concourent pour tonifier et réparer un état général défectueux. Les sujets pâles reprennent rapidement appétit et bonnes couleurs. Quant aux petits scrofuleux, leurs ganglions se résolvent ; mais les lésions du système osseux demandent saisons longues et répétées. J'ai été témoin d'un cas de coxalgie très amélioré à la seconde épreuve. Avouons néanmoins que le traitement de la scrofule profonde n'obtient pas les succès de Salies et de Kreuznach. Le rapprochement avec Bourbonne serait plus légitime. Dumas s'était trop avancé en qualifiant son eau d'eau de mer thermale.

Vient ensuite le rhumatisme ; il faut rappeler que Saint-Nectaire est plus chaud et plus minéralisé que Royat. C'est dans les bains d'en bas qu'on dispose de la plus grande somme de chaleur ; c'est là que la tradition est la mieux conservée. L'ancien inspecteur Vernière avait fait remarquer la tolérance des rhumatisants cardiaques ; Gourbeyre m'a montré quelques cas de ce genre. — Quant à la goutte, la forme atonique est le cas ordinaire ; l'eau du parc est résolutive. J'ai vu un certain nombre de goutteux qui s'en trouvaient bien et qui revenaient. — Aux deux derniers chefs mentionnés se rattachent les scrofulides et les arthritides ; point de spécialité.

Saint-Nectaire ne vient qu'après Royat pour les maladies abdominales : catarrhes gastro-intestinaux ; constipation où les résultats sont moins nets qu'à Châtel-Guyon ; pléthore abdominale, hémorroïdes. Quelques engorgements du foie et de la rate à la suite de fièvres, tradition dans le pays comme à la Bourboule.

Spécialité pour la cure des maladies utérines où Vernière usait avec succès de la source vaginale dont il a été question. Catarrhes, engorgements et fibrômes, ces derniers plus faciles à extirper à la suite du traitement thermal. Gourbeyre continuait cette pratique en modérant le jet avec le tube de Martineau. Il est aisé de comprendre la réputation contre la stérilité.

La cure des diabétiques et des albuminuriques est plus nouvelle. Ces eaux ont les mêmes droits que les autres du même type à réclamer le diabète ; mais la guérison de l'albuminurie vraie est encore à démontrer. Gubler avait pour Saint-Nectaire grande estime à ce sujet. Une expérience plus longue décidera. Il est peu question d'affections thoraciques, quelques paralysies et névralgies.

Rotureau comparait Saint-Nectaire à Carlsbad ; ce parallèle n'est pas plus exact que celui de Billout entre Carlsbad et Saint-Gervais. En général, ces comparaisons ne sont pas heureuses ; celle d'Ems avec Royat est la plus tolérable.

Le fait général est l'analogie de constitution

entre les eaux du massif central et celles de Bohême, analogie signalée par Berzélius. Seulement n'oublions pas que les sulfates sont dans ces dernières un élément principal et, chez nous, un facteur de second ordre, d'où l'action purgative d'un côté qui se trouve rarement de l'autre.

ENVIRONS

Environs. — Autour du village et dans les points plus éloignés, plusieurs promenades ou excursions devront être entreprises.

Sapchat à 3 kilomètres, route de Murols, pour sa fontaine fraîche et pure à 14°, laquelle sert d'eau de table aux baigneurs. La vallée est riante.

Le *puy Châteauneuf* dont il a été question à propos des terrains, et qui domine la contrée, environ 200 mètres au-dessus de Saint-Nectaire. Du sommet vous voyez l'église, d'un autre côté, Murols et, plus loin, les monts Dores.

La tournée du **lac Pavin** par la route de Besse est classique. Elle se fait par une bonne route de voitures et demande plusieurs heures si l'on y joint Vassivière et les *grottes de Jonas*. De la route il faut monter pendant une demi-heure soit pour le lac, soit pour la chapelle qui sont des deux côtés opposés. A Vassivière vous trouvez à déjeuner assez bien, mouton réputé. La visite de ce lieu de pèlerinage se fait souvent du Mont-Dore par le col de Sancy.

La montée au lac (altitude 1,200) est assez raide ; on est dédommagé à la vue subite de ce grand vase cratériforme dont le liquide transparent est entouré de bois et de rochers ; sapins, mélèzes, hêtres, coudriers ; en 1856, Chatin nous faisait remarquer les énormes tiges d'*Angelica sylvestris*. Le diamètre est de 800 mètres, la profondeur de 100 mètres, il paraît que le fond est plat ; renommée des truites. L'eau s'en va par une échancrure. — Le lac est dominé par le cratère de *Montchalm*. — Plus bas le *creux de Soucy*, abîme fermé d'une grille et qui communique peut-être avec le lac. — Les lacs *Montsyneire* et *Chauvet* sont assez éloignés ; ils appartiennent à ce même type de lacs-cratères des pays volcaniques tels que *Bolsena, Bracciano*.

Besse, ville moyen-âge, vaut une visite : tour du beffroi massive, mais imposante ; église ; maisons du XVe siècle, maison de Marguerite de Valois dont l'escalier est estimé des architectes. J'ai assisté à une grande foire assez curieuse.

Les *grottes de Jonas* par le village du Cheix méritent aussi d'être visitées en se détournant de la route. Des légendes ont été créées sur les excavations singulières. Le géologue s'arrêtera à étudier leurs conglomérats.

Renlaigue. — De ce côté se trouve le petit établissement de *Renlaigue* dont il n'est parlé presque nulle part. Elle est entre Saint-Nectaire et Issoire au-dessous de la route des Coudes. Nous lui devons une mention à cause de sa constitution chimique. Bien que peu minéralisée (résidu sec 1,5), elle appartient au même type que les précédentes. Ce qui la met en relief, c'est sa proportion de fer tout à fait insolite et qu'elle conserve plusieurs années, comme je m'en suis assuré sur des bouteilles transportées. Les réactions du fer sont tellement prononcées, même par l'ammoniaque, et l'ébullition donne un liquide tellement ocreux, que la richesse en fer se présume par ces simples essais que vient confirmer la pesée. J'ai trouvé un peu plus de fer que Bouis, près de 10 centigrammes de CO^2FeO. Les dosages volumétriques me donnaient 4 à 5 ; le reste se trouvait au fond de la bouteille ; je le reprenais par ClH et le précipitais par Am. Même après deux années, il y avait la moitié du fer conservé, ce qui n'arrive pas généralement.

Issoire vaut un arrêt à cause de son église du XIe siècle, non moins curieuse que celle de Notre-Dame du Port de Clermont. L'ensemble est frappant quoi qu'il y ait des singularités architecturales.

Vic-sur-Cère. — Ayant parlé de Vic-le-Comte je me crois obligé de dire un mot de Vic-sur-Cère très oublié. De l'Auvergne nous passons dans le Cantal : après Issoire c'est l'embranchement d'Arvant puis celui de Neussargues ; de là à Saint-Flour direction du pont de Garabit et aussi de Chaudes-Aigues. Plus loin Murat d'où l'on aperçoit la statue de la Vierge sur un pic ; la vallée sauvage du Lioran (passage à 1,200 mètres) et ses sapins ; enfin la riante vallée de Vic. C'est un des beaux paysage du centre.

Vic apparaît sur la droite ; point d'omnibus à la gare ; petits hôtels modestes, l'hôtel *Dupont* près la gare, prix doux ; vie tranquille. Point de promenades dans les prairies communales, point d'installation, si ce n'est un petit bâtiment pour la mise en bouteilles où les buveurs viennent remplir leurs

verres, et quelques cabinets de bains ; une salle d'hydrothérapie. — L'expédition est la chose principale ;
elle dépasse 600,000 bouteilles.

J'ai trouvé à la source : température 11,4 ; le débit
de 3-4 mètres cubes ne permet que l'usage de la
boisson, et les bains se donnent avec l'eau commune,
de même qu'à Andabre. L'eau gazeuse, fraîche, est
agréable à boire, aussi bien aux repas. Les gens du
pays en absorbent plusieurs litres.

L'analyse a été faite par O. Henry Soubeiran et
Wilm. Opérant sur des bouteilles de transport, j'ai
trouvé : densité au flacon 1004 ; résidu au bain de
sable un peu plus de 4 ; CO^2 total 2,4 ; alcalimétrie
en CO^2NaO,2, après ébullition 1,3 ; chlorométrie
en Cl Na, 1,1 ; SO^3 0,75 ; CaO 0,25 ; MgO 0,09 ;
$SiO^3$0,1. — Il y a des différences marquées entre les
résultats des divers chimistes.

L'eau est digestive, diurétique et reconstituante.
Elle s'emploie dans les gastralgies, dyspepsies
saburrales, catarrhes intestinaux, affections légères
du foie, catarrhes vésicaux, gravelle, fièvres inter-
mittentes.

Je renvoie pour les détails au guide de Lalaubie.
Il y a une légende des vaches qui trouvèrent la
source au siècle de Louis XIV. Vic n'a pour clients
que les gens des départements voisins, au nombre
de 4 ou 500. La saison est courte, car le froid suc-
cède vite aux grosses chaleurs à une altitude de
650 mètres, et au voisinage des montagnes.

NÉRIS-ÉVAUX

Deux stations placées aux confins de l'Auvergne:
la première, d'une vieille réputation et d'une installation modèle ; la seconde un peu oubliée, peut-être pour s'être abandonnée elle-même. Toutes deux très voisines de situation, de constitution et de valeur thérapeutique ; toutes deux d'origine romaine. Bien qu'elles sortent de notre cadre, nous avons cru devoir en parler sans pouvoir leur donner les développements qu'elles méritent. Les médecins n'auront pas à regretter cette visite supplémentaire.

NÉRIS

De Paris, accès prompt et facile ; station de Chamblet, environs de Montluçon ; 4 kilomètres en omnibus. — Petite ville propre, saine ; bons hôtels, entre autres celui de *Paris* ; maisons meublées bien tenues ; partout bonne cuisine. — Casino et parc. — Latitude, 46° ; altitude, 350 mètres ; climat de plaine assez doux, un peu chaud l'été. — Saison 15 mai-30 septembre. — 1,500-2,000 baigneurs ; société choisie. — J'ai vu Néris station coquette à l'époque où la Bourboule et Royat lui-même étaient encore dans l'ombre. — Les restes romains et l'aqueduc des eaux potables témoignent de l'estime particulière des conquérants de la Gaule.

L'établissement, déjà ancien, est un des mieux compris ; il se présente bien avec son style renaissance et ses quatre pavillons. — Une soixantaine de cabinets de bains assez élégants, un peu petits ; plusieurs piscines tempérées et chaudes jusqu'à 40°. Douches bien données à pression moyenne. Etuves, hydrothérapie. — Petit hôpital. — Les bassins de réfrigération ont l'inconvénient de rester trop chauds pendant les nuits d'été.

Sources. — Elles sortent dans un cercle limité à la jonction du granit et de la pegmatite. Ne pas oublier que nous sommes sur les pentes du plateau Central. Granit gris, rose, porphyroïde ; roches éruptives, telles que basalte, porphyre, serpentine, géodes de spath-fluor au voisinage des filets thermaux. Aux environs, houillères de Commentry.

On compte six puits, parmi lesquels la *Croix*, qui sert de buvette ; le *Grand puits* et *César* ; bassins à l'air libre. — Température, 52° ; débit, 1,000-1,500 mètres cubes suivant le puisage.

Analyse par Lefort : densité, 1001 ; minéral.,1,25. Bicarb. de soude, 0,42 ; de chaux, 0,15 ; sulf. de soude, 0,4 ; chl. de scdium, 0,18 ; silice, 0,11 ; prédominance de l'azote dans les gaz. — Donc ces eaux, quoique thermales simples par leur faible résidu salin, appartiennent au type d'Auvergne.

Indications. — La médication réside presque totalement dans les bains et les douches, et je dois dire que le service laisse peu à désirer. Les bains prolongés sont encore en usage, bien qu'on ait renoncé à la méthode exagérée de de Laurès. On parle moins des conferves.

A propos de l'action des eaux, nous croyons peu à la diarrhée thermale ; ce point a été abordé plus haut. — D'une manière générale, ce traitement est sédatif et tonique à la fois, deux vertus qui ne jurent pas de s'accoupler. L'excitation qui entraîne l'état gastrique et la poussée, les crises diverses, est due à la méthode : bains trop chauds, trop longs, trop répétés ; de même pour les douches.

Les maladies nerveuses sont la spécialité de Néris ; on peut y joindre les affections utérines. En un mot, c'est un bain de dames, ce dont on s'aperçoit vite aux tables d'hôte. Pour les viscéralgies, concurrence à Plombières ; pour les maladies de matrice, concurrence à Ussat, à Saint-Sauveur. Dans ces cas, il faut prendre garde aux températures élevées et aux douches vaginales qui, du reste, se donnent avec précaution. Les arthritiques trouvent ici la chaleur nécessaire à certains rhumatisants. Il est bon que l'élément nerveux domine.

Deux points à mettre en lumière : le rhumatisme noueux d'une part ; de l'autre l'ataxie. Les résultats obtenus par de Ranse sont assez satisfaisants pour placer Néris à côté de B.-l'Archambault dans le premier cas, à côté de Lamalou dans le second.

Ne pouvant poursuivre le chapitre des indications qui demanderait de longs développements, nous renvoyons aux travaux consciencieux de notre collègue de Ranse (*Clinique thermo-minérale*, Néris-les-Bains 1883, et nombreuses publications dans nos *Annales*). — Ceux qui s'intéressent à l'histoire de la station auront à lire les brochures de

Boirot-Desserviers, de Laurès. Quant à l'analyse, celle de Lefort fait encore autorité.

Par sa clinique, Néris est une eau thermale simple. On l'a rapprochée avec raison de Plombières ; elle pourrait l'être de Luxeuil ; à l'étranger, Wildbad, Teplitz, Bath, etc.

ÉVAUX

Un mot sur cette petite ville d'eaux si intéressante et si négligée. Réparation viendra peut-être dans l'avenir.

En 1874, la voiture publique de Montluçon mettait 4 heures ; il me fallut le même temps pour m'y rendre de Néris. La route se dirigeant vers S.-O., longe le rebord du plateau Central, et le granit apparaît dans les tranchées.

Le village est sur un plateau découvert au milieu des prairies et de petits bouquets de bois. Cette situation et l'altitude 470 mètres en font un endroit sain, bien aéré, moins chaud que Néris — hôtels modestes, bonne cuisine. — Il vient 6.800 visiteurs des départements voisins ; saison 1ᵉʳ juin au 1ᵉʳ octobre.

Pour aller aux bains (près de un kil.), il faut descendre dans une sorte d'entonnoir formant le fond d'une vallée dirigée vers le Sud. Cette cavité cratériforme est artificielle, les Romains ayant creusé le rocher granitique pour les besoins du captage. La cour est semée de débris de pierres et de marbres anciens. Un peu plus haut se voient encore les traces de la voie romaine. Nulle part les piscines de l'âge gallo-romain n'ont été aussi bien conservées, même en Italie. Ce sont de grands bassins circulaires ou rectangulaires avec leurs gradins. La piscine de natation a 12 mètres sur 7 et 1,50 de fond; en plein air protégée par des toiles.

Les puits romains, en forme de citernes, ont des margelles de 1-2 mètres et une profondeur de plusieurs mètres. Ils rappellent ceux de Bourbon-Lancy. — L'établissement thermal a une piscine moderne plus chaude, moins suivie, 34 cabinets simples, baignoires de faïence, bains de vapeur à 45°.

La température au puits César est de 57, supérieure de 5° à celui de Néris ; aux autres puits près de 50°. — Débit considérable. — Bulles d'azote et conferves de même nature qu'à Néris. — L'analogie se poursuit dans la constitution chimique avec quelques différences : minéral 1,35 ; bicarbonate terreux 0,2 ; sulfate de soude 0,7; Chl. sodium 0,16 ; silice 0,10. Analyse ancienne de O. Henry à refaire.

Indications. — Boisson accessoire comme aux eaux thermales simples. Bains jusqu'à 38°, quelquefois prolongés. Effets stimulants, finalement sédatifs et toniques. Les symptômes de gastricisme et de poussée dépendent de l'usage du remède.

Rhumatismes même noueux, névralgies et paralysies. Dermatoses, syphilis ancienne. Lésions articulaires dues à la chronicité ou bien au traumatisme. Atrophies musculaires. Point de spécialité des maladies de femmes comme à Néris.

Si la clientèle d'Évaux se modifiait, il est probable que sa clinique se rapprocherait davantage de celle de Néris.

TABLE

OUVRAGES DU MÊME AUTEUR SUR L'HYDROLOGIE

Étude sur la station et les eaux de Kissingen.
— — de Hombourg.
— — de Nauheim.
— sur les eaux et boues de Franzensbad.
— sur la station et les eaux de Marienbad.
— sur l'obésité aux eaux de Marienbad (traduit de l'allemand).
— sur les eaux de Pullna.
— sur la station et les eaux de Teplitz.
— sur le climat et les eaux de Widbad Gastein.
— sur les eaux de la Styrie.
— sur les eaux de la Silésie.
— sur le climat et les eaux d'Angleterre.
— sur les eaux de Cheltenham.
— sur le pays de Galles et de l'Irlande.
— sur les bains de mer anglais et français.
— sur le climat et les eaux de la Scandinavie.
— sur la cure du petit-lait.
— sur la station et les eaux de Ragatz.
— — de Montécatini.
— sur la grotte de Monsummano.
— sur la station et les eaux de Recoaro.
— sur les bains de Lucques.
— sur la station et les eaux d'Alhama de Aragon.
Notice médicale sur les eaux de Mier, Arcachon, Amélie-les-
  Bains, Bagnoles-de-l'Orne, Niederbronn, Ussat.
Ems et Royat, parallèle.
L'hydrologie contemporaine.
— française en 1878.
Les plages de l'Ouest.
L'île de Wight, climat et bains de mer.
Les eaux minérales de Pesth (Hongrie).
Ischl et le Salzkammergut.
Les eaux de St-Sauveur.
Les eaux de Mont-Dore.
L'analyse des eaux.
L'azote dans les eaux.
Le climat du Sud-Ouest.
Les eaux de Lamalou.
Les eaux de Cransac.
Bourbon-l'Archambault, Cauterets, Le Boulou.

Voyage en Italie.
Voyage en Suisse.
Stations balnéaires des Vosges.

PARIS. — IMPRIMERIE E. DONNAUD, RUE CASSETTE, 17.

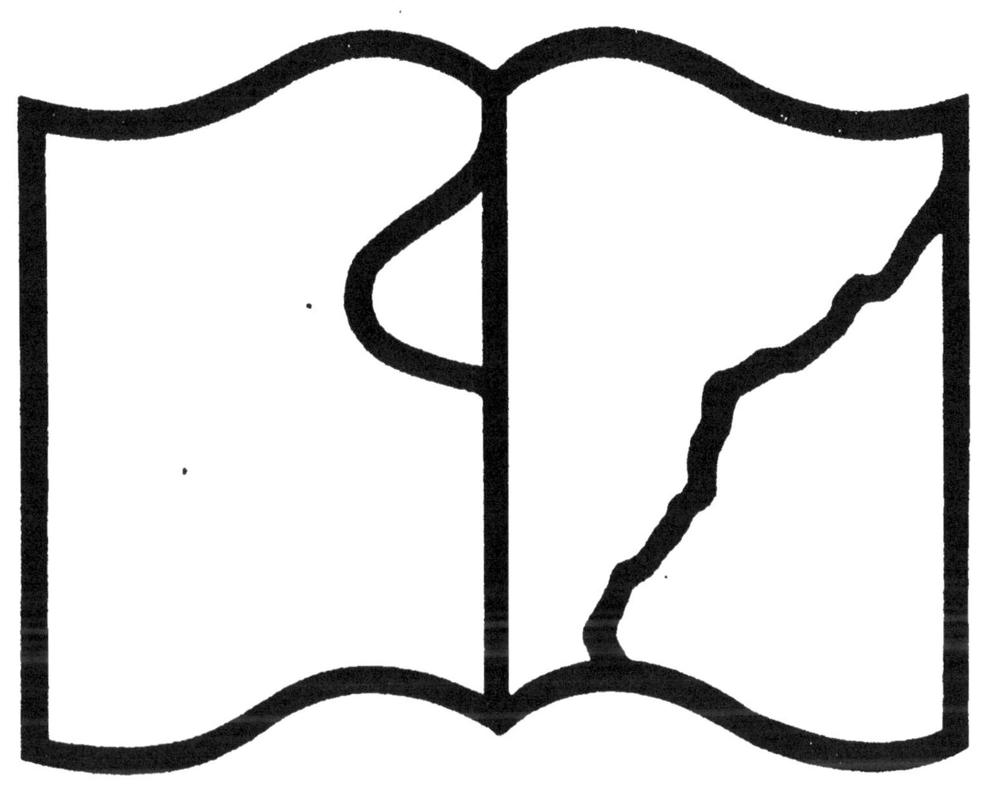

Texte détérioré — reliure défectueuse

NF Z 43-120-11

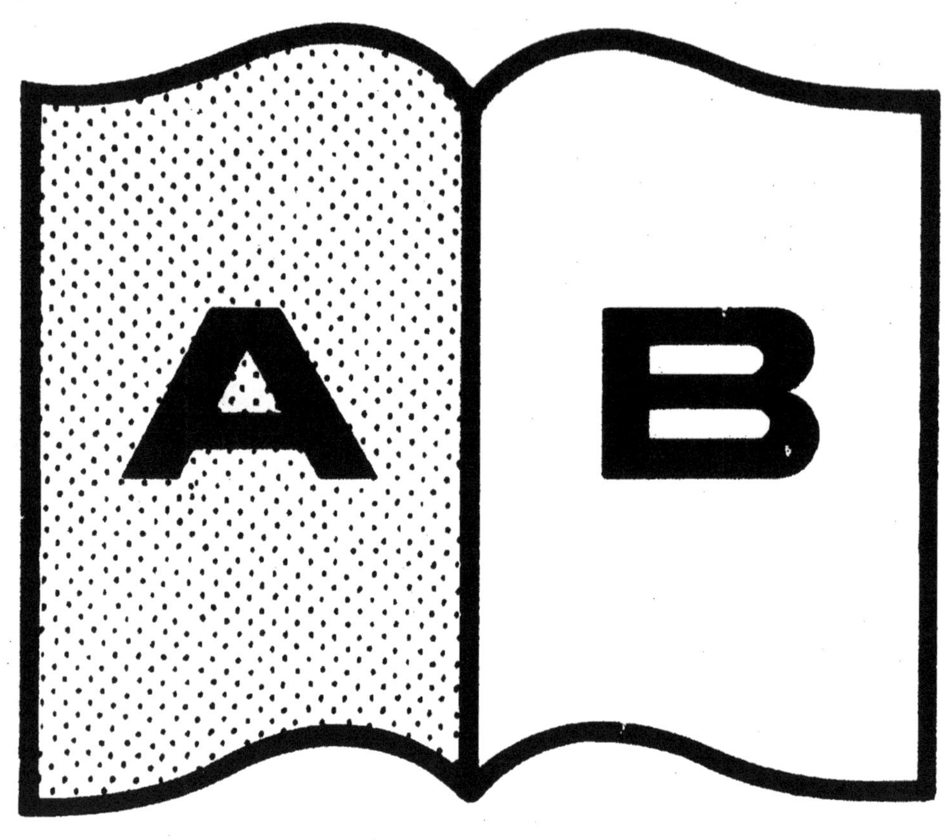

Contraste insuffisant

NF Z 43-120-14

www.ingramcontent.com/pod-product-compliance
Ingram Content Group UK Ltd.
Pitfield, Milton Keynes, MK11 3LW, UK
UKHW020014100726
13658UKWH00002B/949